SHODENSHA
SHINSHO

戦術の名著を読む

木元寛明

祥伝社新書

まえがき

読書家だったナポレオンは「余は歴史の研究に多くを費やし、そしてしばしば、適切な案内人を欠くがゆえに、無駄な読書に多くの時間を失った」(『ナポレオン書簡集』)と慨嘆(がいたん)し、読書のための案内人の有効性を強調している。

ナポレオンの例を引くまでもなく、自分の力量や条件に見合った手引書、すなわち安心して目的地に導いてくれるガイドブックがあれば、これほど便利なことはない。とはいえ、ガイドブックはあくまで杖で、歩くのは自分の足だ。

「師団長がいなくても戦争できるが、連隊長がいないと戦争はできない」と現役当時に某高級幹部が冗談めかして語るのを聞いた。連隊長とは戦闘団――米陸軍の旅団に相当する諸兵種連合部隊――を指揮する歩兵と戦車の連隊長のことだ。戦闘団長たる連隊長の養成には、任官から数えて20数年の歳月を要する。

連隊長は一朝一夕には成らない。連隊長には各級指揮官(小・中・大隊長など)としての経験、軍政(行政管理)・軍令(部隊運用)部門の幕僚勤務、あるいは教育機関・研究機関での勤務など幅広い知識と体験が求められる。

指揮官は2段階上位の立場、つまり、連隊長は軍団長なら立場でものを考える必要がある。戦闘団長たる連隊長は、戦術はもちろん、その上位概念である作戦術を修得していなければ、期待度に応じた職責を全(まっと)うできない。

私自身が戦術を本格的に学びたいと痛感するようになったのは、陸上自衛隊幹部学校(当時)指揮幕僚課程への入校が契機だった。2年間にわたる徹底した戦術教育(図上戦術、現地戦術、兵棋演習、指揮所演習など)は、戦術の面白さ、戦術の奥深さを教えてくれ、さらなる勉学の必要性を動機づけてくれた。

私が学生を終えて道北防衛の第2師団に赴任したのは1979年8月だった。この年の暮れにソ連軍が陸路アフガニスタンに侵攻した。第2師団は、極東ソ連軍の道北への着上陸侵攻を想定して、道北の地勢を活用する防勢的訓練に明け暮れた。

以来40年余の歳月が流れ、この間、東西冷戦の終焉、ソ連邦の崩壊、湾岸戦争、対テロ戦争、中国軍の著(いちじる)しい台頭などが起き、国際安全保障環境が激変した。私自身は2000年に退官して肩の荷が下りたが、戦術への関心は継続している。

本書では、戦術の本質に立ち戻って、戦術関連の名著を5つの分野で紹介する。軍事に関心のある一般読者を対象とし、軍事の基礎、基盤、土台となる「戦術学」すなわち知識の分野に絞った。

① 戦術の学習は**原理・原則の理解**からスタートする。戦術をいかに学ぶかの手掛かりとして、『戦争概論』、『アメリカにおける秋山真之(あきやまさねゆき)』、『海軍基本戦術』、『戦理入門』を取り上げる。(第1章)

② 戦術を実戦に適用するためには**創造性と柔軟性**が求められる。新思考は既成概念との戦いだが、突破の先に勝利の光が見える。この具体例を知る書籍として、『改訂版 ヨーロッパ史における戦争』、『機甲戦(原題 Armored Warfare)』、『オペレーションズ(原題 ADRP3-0 Operations)』、『ソ連軍〈作戦術〉縦深会戦の追求』を選ぶ。(第2章)

③ 指揮官の最大の責務は決断することに尽きる。指揮官の意思決定のステップ、**決断のプログラム化**すなわち状況判断のモデル例として、米陸軍野外教令『指揮官および幕僚の業務提要』(原題 FM6-0 Commander and Staff Organization and Operations)』を紹介する。(第3章)

④　戦術の基盤を構成するのは**情報活動と後方支援**である。この重要性を教えてくれる著作として、『大本営参謀の情報戦記』と『山・動く』を採用する。（第4章）

⑤　戦場では人間の赤裸々な心理が否応なく暴露される。戦場で戦うのが生身の兵士である以上、兵士個々人の戦場心理を無視することはできない。**戦場心理**を知る好著として、『戦争における「人殺し」の心理学』と『動くものはすべて殺せ』の2冊を挙げる。（第5章）

本書で取り上げる13冊の名著が、戦術に関心を寄せる読者諸兄姉のささやかな道標（みちしるべ）になれば、筆者としては大変うれしい。

これら13冊の中には、絶版や未邦訳のものも含まれているが、現在流通している書籍だけでは限界があり、あえて取り入れた。米陸軍の野外教令や参考書は、最新の戦術と作戦術を反映しており、しかもそれらは一般に公開されているのでインターネットなどで入手可能である。また、引用に関しては適宜ふりがなをつけ、〔　〕は筆者の補完を示す。

木元寛明

目次

第2章　戦術の適用

第3章 状況判断

第4章 情報と後方支援

第5章 戦場心理

本文DTP アルファヴィル・デザイン

第1章

戦術学の基礎

戦術は軍人の表芸

軍人はなぜ戦術を学ぶのか？　答えは単純明快だ。いかなる部隊も指揮官の能力以上の力量を発揮できないからだ。指揮官の戦術能力がすなわち部隊の戦闘能力の限界ということだ。無能な指揮官は部下を犬死させる。

1944年、米第90師団は、米本土での2年間の訓練にもかかわらず、ノルマンディー上陸作戦の6週間で、歩兵戦力の100パーセント、歩兵将校の150パーセントを失った。師団司令部と第一線部隊将校の戦術能力は図上戦術の域を脱していなかった。彼らの戦術能力は、歴戦のドイツ軍と互角に戦える実戦的なレベルから程遠かった。

戦術とは部隊を指揮して作戦・戦闘の目的である戦勝を獲得する術（アート）および科学（サイエンス）のことである。これは体験的に言えることだが、戦術の大半はアートの分野に属する暗黙知の世界だ。

戦術のマスターには、知識として基礎理論を学び、実際に部隊を指揮して知識を体験へと昇華し、戦史による実効性の検証が欠かせない。つまり知識・体験・検証の三位一体による不断の努力が不可欠ということだ。

戦術は軍人が生涯をかけて学ぶもので、虎の巻といった安直な手はない。特に野戦指揮官は、軍隊を指揮・運用して任務を遂行する現場指揮官として、暗黙知の部分をふくめて戦術を完璧に身につけなければならない。

戦術の学習には明確なゴールがない。基礎理論の分野である「戦術学」から始まり、初級戦術、応用戦術へと進むことが一般的だ。学校での教育は動機づけの段階で、部隊などの勤務を通じて自学研鑽することが王道だ。

指揮官を志す者は、表芸（おもてげい）といわれる戦術を身につける義務がある。表芸とは「武士における馬術・剣術、商人における算盤（そろばん）など、その階層に属する人として当然熟達が要求される技芸」（三省堂『新明解国語辞典』）をいう。野戦指揮官の本質は、究極の戦場で、戦術を駆使して最小限の犠牲で任務を達成することに尽きる。

戦術の学び方は百人百様で、決まりきった方式はない。先輩に教えを請うのもよいし、自分流のやり方でコツコツとやるのもよい。適切なガイドブックがあれば、目的地への接近が容易になり、無駄な時間を排除できる。

本章では、戦術の最も基礎の部分である〝戦術学〟に関連する書物として、『戦争概論』（ジョミニ）、『アメリカにおける秋山真之』（島田謹二）、『海軍基本戦術』（秋山真之）、『戦理入門』（戦理研究委員会編）の4冊を取り上げる。

1 ジョミニ『戦争概論』

ジョミニの経歴

『戦争概論』の原著者であるスイス生まれのアントワーヌ・アンリ・ジョミニ（1779年～1869年）について、彼の経歴などに簡単に触れておく。

ナポレオンが歴史の表舞台に登場した18世紀末は、大変革の時代だった。1789年のフランス革命の影響は、瞬く間にヨーロッパ全域に波及し、専制君主政治は立憲君主政治または共和政治となり、封建的階級制度による社会組織が崩壊し、軍事制度も傭兵制度から徴兵制度へと変わった。

この大変革の時代に生を受けたジョミニはスイス軍、フランス軍、ロシア軍で通算70年にも及ぶ軍歴を重ね、この間にも常に軍事研究に没頭し、ナポレオンさえ驚嘆させた論文を作成した。つまり軍事に明け軍事に暮れた一生だった。彼の軍歴のハイライトは、26歳から34歳までのフランス軍グランド・アルメ（大陸軍）での経歴だ。

この期間は1805～13年で、ナポレオン戦争の最盛期である。この間にナポレオンの子飼いネイ将軍の副官あるいは皇帝参謀として、ウルム会戦、アウステルリッツ会戦、イエナ会戦、アウエルステッド会戦、アイラウ会戦、フリードランド会戦などナポレオン戦争の主要な会戦に参加している。

ネイ将軍はナポレオンの側近中の側近の将軍で、ナポレオンから「勇敢な男で、熱狂的かつ全身熱意にあふれている」と高く評価されていた。彼は卓越した戦術家であり野戦指揮官であった。

ジョミニはナポレオンの司令部に在って参謀の立場から、ナポレオンの指揮・統率振りを直接肌で見聞している。ジョミニが『戦争概論』の中に描いている、彼が見た指揮所の一情景を紹介しよう。

皇帝は彼自身が参謀長だった。直線距離で17マイルから20マイル（路上距離22マイル～25マイルに相当）を測る一対のコンパスを使って、異なる色のピンで軍団の位置と敵の予想位置を標示した地図上で、折り曲げたり全長を引き延ばしたりして、彼は驚異的な正確さと精密さで、それぞれの部隊に広範囲の移動命令を与えることができた。

彼は図上の1点から1点へとコンパスを動かして、各縦隊が某日までに到達すべき目標を瞬く間に決定し、それから、ピンを新しい位置に移して、各縦隊に付与する行軍速度と出発時間を頭に入れながら、かの有名な口述命令を筆記させた。

（ジョミニ『The Art of War』を筆者が翻訳）

ジョミニは1808年からネイ将軍の参謀長としてスペイン戦争に参加した。スペインのパルチザンは不敗を誇ったナポレオン軍に致命的な打撃を与え、これがナポレオン凋落の原因の1つとなった。対ゲリラ戦という悲惨をきわめた経験から、ジョミニは国民戦争という新しい概念を生み出している。

ジョミニは、国民全員が武装している国を占領または征服する場合、そこでどのようなことが起こるかを学ぶために、スペイン戦争を研究することの重要性を強調した。「侵略者は軍隊だけしか持たないが、敵対者は軍隊と武装した住民で、いっさいを抵抗手段となし、住民1人ひとりが協同して共通の敵に向かう」と、ナポレオン軍が直面した事実を率直に認めている。

ジョミニは、国民戦争は嫌悪すべきもので、ナポレオン戦争以前の古き良き時代の古典的な貴族戦争に魅かれていたようだ。

そしてもしどうしてもそのいずれかを選べというのであれば、組織的な暗殺よりも、忠誠な騎士道精神の戦いを望む1軍人としてわたしのひいきは、スペイン国中の牧師や、婦人や、はては頑是ない子供までもが、孤立したフランス兵士の殺害に狂奔した恐るべき時代よりも、イギリス、フランスの守備兵が、堂々礼をつくして戦いを開始した、古きよき時代――フォントノアの場合のような――にあることをここに告白するにやぶさかではない。（佐藤徳太郎『ジョミニ・戦争概論』）

フォントノアの戦い（1745年）とは、フランス軍近衛連隊とイギリス軍近衛歩兵第1連隊の横隊戦列が、戦場で50歩の距離で対峙し、おたがいに「先に撃て」と挨拶してから戦闘を開始した戦例をいう。まさに古きよき時代を彷彿させる戦争の情景である。それはある意味では一種のスポーツだった。

ジョミニのグランド・アルメでの経歴は、ナポレオンの終焉を決定づけた1812年のモスクワ遠征への参加、退却後の病気休養、その後ネイ元帥の参謀長として春季攻勢に参加したのが最後だった。その後ロシア軍に身を投じて大将にまで昇進した。

ジョミニと並ぶもう一方の巨星、プロイセン王国生まれのカール・フォン・クラウゼヴィッツ（1780〜1831年）は、12歳で軍隊生活に入り終生軍人として生涯を送った。彼はナポレオン戦争でフランス軍の捕虜（ほりょ）になり、ナポレオンのモスクワ遠征ではロシア軍将校として参加するなど、数奇な体験をしている。

クラウゼヴィッツは、1818年から12年間ベルリンの陸軍大学校長に就任、この間に軍事研究に没頭して多数の論文と『戦争論』の草稿を執筆した。これらは彼の死後他の論文と合わせて出版された。彼は51歳のときにコレラで死去した。彼がもう少し長生きしていたならば、『戦争論』も完成し、ジョミニの『戦争概論』との丁々発止（ちょうちょうはっし）のやりとりがあったのでは、と惜（お）しまれる。

ジョミニの『戦争概論』——わが国では幻の兵書

ジョミニは、戦勝を得るための基礎的原理が必ず存在すると考えた。そしてこれに基づく原則を明らかにすることができ、知識として学ぶことができるとの確信のもとに兵学理論の研究に務めた。その集大成が、1838年にフランス語で刊行した『戦争概論』（原題Précis de l'art de la guerre) 2巻本だ。

日本語で読める佐藤徳太郎訳・著『ジョミニ・戦争概論』(以降『概論』と略称)は、米国で刊行された軍事古典シリーズ中の『Jomini and his Summary of the art of war』(米海兵少将J・D・ヒットル)の翻訳で、佐藤が訳と解説を付して1979年に出版された。

軍事理論の代表的古典といえば孫武の『孫子』、クラウゼヴィッツの『戦争論』、ジョミニの『戦争概論』が頭に浮かぶ。ところが、わが国では旧海軍を除いて、ジョミニの名はもとより彼の代表的著作『戦争概論』も、その存在すら無視されていた。

このような戦前・戦後のわが国の風潮の中で、佐藤が『概論』を出版したことは、ジョミニという知られざる人物と彼の代表作を表舞台に登場させたという意味で、まさに画期的な快挙だった。

では、ジョミニの兵学思想とは何か?

ジョミニはフリードリヒ大王の「ロスバッハの戦い」「ロイテンの戦い」ナポレオンのイタリアでの初期作戦を研究して、内戦理念=内戦作戦を必勝原理とした。内戦理念とは劣勢部隊が戦力を集中して優勢部隊の一部を順次に撃破して全体的に勝利を得る「各個撃破」の論理である。

ジョミニの兵学思想は後世にも大きな影響をおよぼした。

第1点は、19世紀後半にはヨーロッパ各国軍（ドイツ軍を除く）の標準的兵学思想となったこと。大西洋を越えて米軍にも波及し、米海軍軍人、歴史家、戦略研究者であるマハンの代表的著作『海軍戦略』に大きな影響を与えた。マハンはジョミニの『戦争概論』を研究して、「集中の原則」「目標の原則」「攻勢の原則」を海軍戦略の原則とした。

マハンは、ジョミニの原理が、兵力の集中、位置、線、及び連絡線といった幾何学的要素の基礎思想の上に組立てられているものであることを知って、自らもまた海軍戦略の基本となるべき同様の原理を発見しようと試み、その結果彼はジョミニの原理がそっくりそのまゝ海戦の場合にも適用できることを発見したのである。であるからマハンの唱えた兵力の集中、中心位置、内線の優位などは、これをそのまゝジョミニの原理と称しても何等差し支えない。（同前）

第2点は、米陸軍の野外教令『オペレーションズ』に進化したこと。19世紀末のアメリカ南北戦争で、南・北両軍の将校の多くが塹壕（ざんごう）の中で『戦争概論』の英訳版『The Art of

War』を読み、その原則に基づいて戦闘を指導した。彼らはジョミニの著作を戦闘マニュアルとして活用し、右手に『The Art of War』を、左手に剣を持って戦ったのだ。

米陸軍士官学校のG・H・メンデル大尉とW・P・グレイヒル中尉は共同で『戦争概論』を英語に翻訳し、『The Art of War』のタイトルで、フィラデルフィアで1862年1月に出版した。これがマハンに影響を与えた英訳版である。

ドイツ兵学一辺倒だった旧日本陸軍は、ヨーロッパ軍事界の巨星と称えられたジョミニを完全に無視した。これに対して旧海軍大学校では、『戦争概論』は「マハンの『海軍戦略』の源流であるという観点から、英訳版『The Art of War』を『兵術要論』『韜略提要』などのタイトルを付けて翻訳し、戦術教育の参考に供していた。

秋山真之は、米国駐在時代にマハンから英訳版『The Art of War』を読めと勧められ、同書を精読し、同時にナポレオン戦史を徹底して研究した。この成果が日本海海戦の決定打となった「丁字戦法」であり、秋山流戦術思想として結実した。（[2]『アメリカにおける秋山真之』と[3]『海軍基本戦術』）

『戦争概論』の着目点

佐藤徳太郎が『戦争概論』を訳出した背景に、太平洋戦争の敗戦と戦後の米軍戦術との邂逅（かいこう）という現実があった。旧陸軍で無視された『戦争概論』に光を当て、ジョミニの戦術思想を明らかにする狙いもあった。ドイツ一辺倒で、かつドイツ流儀で処することを誇りとした旧陸軍将校としての反省もあったようだ。

佐藤は、『概論』の解説の項で、ジョミニの戦術思想のエキスとして「戦いの根本原則」「大戦術」「ロジスティクス」「状況判断」の4点に着目している。これら4点はいずれも近代戦術思想の原点となるものだ。

第1点は「戦いの根本原則」の提示

根本原則は「戦争にはこれを成功に導くための原理すなわち戦勝を得るための基礎的原理が必ず存在し、これに基づく原則を明らかにすることができる」というジョミニの戦術思想の核心といっても過言ではない。半世紀後に「戦いの原則」へと発展する。

すべての戦いに通底する偉大な原則（プリンシプル）がある。この原則に則（のっと）ればあらゆる軍事行動に好結果をもたらすであろう。

一、軍の主力を、戦略機動により、戦域の決定的な要点〔複数の地点〕および敵の後方連絡線に対して、徹底して志向すべし。

二、わが主力を以て、敵部隊の一部と交戦するよう、戦術機動すべし。

三、戦場機動においては、部隊主力を、決定的な地点〔緊要地形〕または戦局を決する最重要な敵部隊に対して、集中すべし。

四、集中に当っては、部隊の主力を決定的な地点に集中するだけではなく、適時にかつ最大限の戦闘力を集中発揮しなければならない。

集中は戦いの原則全体を包含するものではないが、戦略の根本を成すものであることは疑いない。（ジョミニ『The Art of War』を筆者が翻訳）

ジョミニが提唱した「戦いの根本原則」は内戦原理のことで「機動」と「集中」に的を絞(しぼ)っている。これをJ・F・C・フラーの提唱で1920年に英国陸軍が8項目の「戦いの原則」へと進化させ、翌1921年米陸軍は1項目追加して野外マニュアルで正式に「戦いの原則」として採用した。

ジョミニは「ナポレオンの戦争方式は、日に25哩(マイル)も行軍し、戦い、そしてその後整々(せいせい)と野営につくことであった」と証言している。ナポレオンの戦い方は内戦作戦で、最短距離を最高速度で機動し、短期決戦で勝敗に決着をつけることだった。これはナポレオンの独創ではなく、フリードリヒ大王の「ロスバッハの戦い」「ロイテンの戦い」を研究して、ナポレオン流に進化させたものだ。

ナポレオンが活躍した18世紀の末期から19世紀の初期、軍隊は主として歩兵、砲兵、騎兵の3兵で構成され、戦場への移動は徒歩行軍だった。当時の標準的な行軍距離は1日15マイル(約24キロメートル)、ナポレオン軍の1日25マイル(約40キロメートル)は常識外(はず)れといっても過言ではない。

ナポレオンはイタリア戦線のガルダ湖畔(こはん)の戦い(1796年7月31日〜8月5日)で旧戦術を一変した。彼は3方向に分かれて南進するオーストリア軍5万に対して、3万の全力を集中、機動力を発揮してガルダ湖畔で各個に撃破した。典型的な内戦作戦であり、各個撃破という新しい戦い方であった。

第2点は「大戦術」という新概念の導入

ジョミニは「大戦術（グランド・タクティクス）」という、今日の「作戦術（オペレーショナル・アート）」の起源となる新たな領域に言及し、ナポレオン戦争によって戦争の様相が変化したことを論じている。

> 大戦術（グランド・タクティクス）は戦闘準備間ならびに戦闘実施間において最高の戦闘組成を作りあげるアートである。戦術的組成の指導原則は、戦略的組成の場合と同様に、敵の一部に対して、しかもその占領が重大な結果をもたらす地点に、わが兵力を集中発揮することである。（同前）

ジョミニは、戦略は地図上での戦争術、大戦術は地図上ではなく実際の地形に応じて部隊を配置し、行動に移し、戦闘を行なうアート、戦術は戦場で軍隊を配置するアートと定義している。

ジョミニは、戦いの規模が広範囲かつ大縦深（じゅうしん）となり、戦術の延長線上あるいは相似形拡大では律し得ないと認識して、〝大戦術〟という新しい概念を導入した。この作戦術という概念は、欧州各国軍は19世紀半ば頃から採用したが、米軍は1982年版『オペレーションズ』まで関心を示さなかった。

今日の米軍は戦争のレベルを戦略レベル、作戦レベル、戦術レベルの3つのモデルに区分している。米軍が作戦術を採用したのは冷戦最盛期の20世紀の後半だった。この点に関して第2章で後述する。

第3点は「ロジスティクス」のとらえ方

今日のロジスティクスという概念は、戦闘力を維持する3つの機能――兵站（へいたん）（補給、輸送、整備など）、人事サービス（補充、規律維持、戦死者の処置など）、健康サービス支援（疾病予防、負傷者の救護・後送、心身の健康維持など）の一部としてとらえられている。

これとは異なり、ジョミニが『戦争概論』で提示したロジスティクスは、兵站業務という狭い枠から外れている。ロジスティクスは作戦の全般に関与し、兵術上最も重要な部門の1つである総合的アートに変貌した、との認識である。

今日この言葉に「兵站」の訳語を充（あ）てるのは、全く当を失している。なぜならそれは陣地戦型式の時代にのみ該当していた訳語であって、今日においてはすでにその意義を全く失っているからである。それではどんな訳語を用いたらよいかといえば、旧海軍で「戦斗（せんとう）」と併称した「戦務」というのがよりふさわしいかも知れない。旧陸軍の用語でいえば、陣中勤務と幕僚業務とを合したもの（戦斗以外）になるといってもよいであろうか？（佐藤徳太郎『ジョミニ・戦争概論』）

佐藤徳太郎が「陣中勤務と幕僚業務と合したもの（戦斗以外）」と評価しているように、ジョミニのいうロジスティクスは、私の頭の中に入っている兵站という概念とは著しく異なっている。これに対して旧海軍ではロジスティクスを「戦務」と訳出して、令達、報告及通報、通信、航行、碇泊（ていはく）、捜索及偵察、警戒、封鎖、陸軍の護送及揚陸掩護、給与を総合する概念とした。

この「戦務」という用語は秋山真之の造語である。米国に2年半駐在した秋山真之が、ジョミニやマハンの著書で発見し、米艦隊での乗艦実習などで体感したロジスティクスを、「戦務」という新しい用語に当てはめた。

海戦と陸戦を同一に論じることはできないが、『戦争概論』第6章の「ロジスティクスすなわち部隊を動かす実務」は、きわめて先進的な視点だ。佐藤は第6章のタイトルを「兵站即部隊移動の実技」と訳しているが、英語版では「Logistics, Or The Practical Art of Moving Armies」となっている。部隊移動も含めたより広い概念で捉えるべきである。ジョミニのいうロジスティクスは、今日でも、陸軍用語としては「戦務」に該当する統一用語は無い。

ナポレオンは参謀の知的補佐を必要とせず、自らが参謀長の機能をも果たした。しかしながら、ナポレオン戦争の必然的結果として、作戦は最高司令官がすべてを1人で処理するにはあまりにも複雑になった。かくして、参謀長に代表される参謀機能は「あらゆる可能な軍事知識を応用するサイエンス」となったのだ。

ジョミニは「有能な参謀長であるためには戦争術の万般に通暁している」ことが必要になったと認識して、戦争術の万般にわたる戦闘以外の一切合財をロジスティクスという用語に当てはめた。ジョミニ自身が「大まかな、しかも不完全な説明をすることさえ容易でない」と白状している。このとらえ難い概念を「戦務」という新用語に込めた秋山真之の慧眼には、改めて畏敬の念を覚える。

第4点は「状況判断」の方式の提示

ジョミニは「敵は何ができるかという仮説を複数考察し、それぞれの仮説に対する実行策を講じることにより、過去しばしば起きたような、予期せざる事態の発生による作戦の頓挫（とんざ）を避けることができる」と断じている。このことは、敵は何ができるかという仮説＝敵の可能行動、それぞれの仮説に対する実行策＝わが行動方針、と読み替えると今日の米陸軍や陸自の「状況判断」そのものである。

またジョミニは「練達した将軍は、合理的で根拠十分な仮説を立てることにより、他の手段の欠落を補（おぎな）うことができる」「戦争の原理に通暁しておれば、将来起こり得る緊急事態に備えて、対処計画を事前に準備することはいつでも可能」と述べ、彼自身がこれを実行していつでも成功したと自負している。

従来、状況判断・決心は指揮官固有の機能で暗黙知の領域とされてきたが、ジョミニは、一定の形式を踏み、練達の将軍であれば可能とした。つまり、暗黙知ではなく、誰でも学ぶことのできる形式知へと転換できると具体的に提示したのだ。

今日われわれの教書が教えている状況判断の方式、すなわちまず敵の可能行動を列挙し、これに対するわが行動方針を数ヶ抽出し、次いで彼我行動方針を組合せ、分析した上、わが行動方針のそれぞれの優劣を比較し、最後に判決を得るという手法が、実にジョミニによってはじめて取り上げられたものであり、かつジョミニによって広く各国軍に弘布されたものであることを、ここにわれわれは本書を通じて知ることができるのである。(同前)

佐藤が言う「われわれの教書」とは『野外令(やがいれい)』のことである。ドイツ流兵学一辺倒だった佐藤は、自衛隊で米軍流兵学と出会い、それがジョミニの『戦争概論』から発展したことを知ったのだった。

1978年にノーベル経済学賞を受賞したハーバート・A・サイモンは、米国軍隊の「状況判断」や「情報活動」なども参考にして意思決定理論を組み立て、軍隊もまたサイモン理論の研究成果を積極的に採用し、状況判断プロセスを精緻化した。

サイモンが『意思決定の科学』を出版したのは1979年だが、ジョミニは、それに先立つこと140年余も前の19世紀中期に、ナポレオン戦争を研究して彼独自の意思決定方式を確立し実行していたのだ。

意思決定は暗黙知に属するアートの分野と見做(みな)されていたが、サイモンは、意思決定を適当な思考訓練によって改善できる、すなわちプログラム化できると考えた。米陸軍や陸自の状況判断プロセスはまさに意思決定のプログラム化で、教育訓練を受ければ誰でも参加することができる。つまり、アートといわれた意思決定をプログラム化によりサイエンスに昇華させたものである。

ジョミニが提示した状況判断の核心となる考え方は、米陸軍の状況判断プロセス（MDMP）、陸上自衛隊の作戦見積へとつながっている。ジョミニの『戦争概論』が『オペレーションズ』の源流であると言われる所以(ゆえん)だ。

最後に、佐藤徳太郎について簡単に触れたい。

佐藤は幼年学校、士官学校、陸軍大学校を卒業した旧陸軍将校で陸軍大学校の兵学教官を務めた。戦後は陸上自衛隊に入隊して陸将補で退官している。佐藤は旧陸軍でクラウゼヴィッツ流のドイツ兵学を学び、陸上自衛隊でジョミニに端を発する米軍流兵学（『オペレーションズ』）に接するという、稀有(けう)な体験をしている。このような経歴が『概論』の端々(はしばし)に垣間見られる。

佐藤が翻訳した『ジョミニ・戦争概論』は、原著書『Jomini and his Summary of the art of war』（J・D・ヒットル）のタイトル通り、ジョミニの原書のサマリーであって、全文ではない。また佐藤の幼年学校での語学はドイツ語だった。彼自身が英和辞典片手に悪戦苦闘して翻訳したと述べているように、やむを得ないとはいえ、訳文には誤訳も散見される。

今日、『ジョミニ・戦争概論』は、タイトルを『戦争概論』と変えて文庫判（中公文庫）が出版されている。文庫判では、『ジョミニ・戦争概論』の一部（3『戦争概論』解説の15ページ）が割愛されている。戦術の本質に迫るという観点では、この割愛された部分こそが、佐藤が蘊蓄を傾けた要点であることを付け加えておく。また、フランス語の原著から翻訳された『ジョミニの戦略理論』（今村伸哉）も最近出版されたが、戦略部分のみの翻訳である。全文の翻訳出版が期待される。英訳版『The Art of War』は、１８６２年版の初版が、ドーバー出版社から復刻されている。『戦争概論』の全体像を知りたい読者にはお薦めの一書である。

2 島田謹二『アメリカにおける秋山真之』

異色の比較文学

私は秋山真之という一海軍軍人の生きざまに強く魅かれた。戦術を学ぶ同好の士として、秋山がどのように戦術を学んで自家薬籠中のものとし、身につけた戦術をどのように生かし、またそれをどのような形で後進に伝えたのか、に関心があった。

1970年代の後半、私は陸上自衛隊幹部学校の学生として戦術を本格的に学ぶようになり、戦術関係の本を渉猟している中で、島田謹二の浩瀚な著作『アメリカにおける秋山真之』と出会った。

同書は、約700ページ2段組みの大著で、秋山真之大尉が留学生として米国に滞在した2年半（1897年夏〜1899年末）を「秋山が生きたように、見たように、考えたように、その足跡を」細部にわたって追跡している。比較文学者・島田謹二の、アメリカ滞在中の秋山の生活と思想と述作を扱った〝研究〟の成案である。

島田謹二が「明治期の一日本人が、2年半のアメリカ生活のあいだに、どんなふうに生きて、どんなものを眺めて、どんな人に出会って、どんな本を読んで、どんな出来ごとにぶつかって、どんな考えをもったのか——それらを、できるだけ復元しよう」と志したものである。

島田は比較文学者の透徹した視点で、関係資料を徹底して読み込み、あたかも秋山真之に同行しているような感覚で、秋山の息づかいが感じられるように、彼が米国に滞在した2年半を追いかけている。

秋山は胸中の思いを、語録『天剣漫録』で「吾人ノ一生ハ帝国ノ一生ニ比スレバ　万分ノ一ニモ足ラズト雖モ　吾人一生ノ安ヲ偸メバ　帝国ノ一生危ウシ」と、その強烈な覚悟を吐露している。

秋山の思いの苛烈さに私など言葉も出ない。「自分がサボれば、国家の将来が危うくなる」には、開国以来西洋列強に追いつき追い越せという国是を一身に背負った男の生きざまが遺憾なく表明されている。島田が秋山という一軍人を主人公に据えた眼力には大いに敬意を表したい。

以下、『アメリカにおける秋山真之』の内容に沿って、米国滞在中の秋山の足跡、特に戦術研究のバックグラウンドをたどってみよう。

マハン大佐との邂逅

同書は、秋山が、戦術開眼の師となった前海軍大学校校長マハン大佐（予備役）を自宅に訪問する場面から始まる。訪問の目的は、海軍戦術に関する研究の指導を請うことだった。秋山は海軍大学校への入学を望んだがそれはかなわなかった。

1897（明治30）年秋、公使館付留学生として米国に赴任した海軍大尉秋山真之は、ニューヨーク市内セントラル・パーク近くに住む、1年前に現役を退いた、マハン大佐を訪問した。

秋山が「自力で海軍戦術を研究するにはどうしたらよいか」と質問すると、マハンは彼自身の経験に鑑みて、2点ほど勉強のやり方を示した。そして「私もそういうやり方で、独力で勉強した」と強調した。

マハンが強調したのは次の2点だった。

第1点は過去の戦史で実例を調べること。戦史は古代も近代も、海上も陸上も、全部ひっくるめて研究すること。どうして勝ったか、どうして負けたか、勝敗の原因に目をつけて調べてみることが重要である。

第2点は戦史研究の方面では信用できるオーソリティーがいる。大家の立派な意見や、尊い体験や、疑い得ない法則のようなものを、大家の著書から読み取れ。そうしているうちに自分自身の考えが生まれてくる。

——よくわかりました。それでは最初に読むには、どんな書物を御推薦になりますか。

——そうだな。まずジョミニ。"Art of War"（兵術要論）と、マハンはその書名を教えて、もとはフランス語で書かれたものですが、英訳があります。戦争の生きた原理を実例で示すのに、こんないい本はありません、とつけくわえた。それに著者は実戦の体験をもった後に書き出しました。ただ机の上の理屈で書いた本ではないのですよ。とダメをおした。

——陸軍の兵書ですね。

——さよう。陸軍の兵書です。ですが、戦争の原理を理解するには一ばんよい本です。一度、戦争の原理がわかると、戦術を研究する道はしぜんに立つものです。それにまた、戦術戦略というものの原則は、海上だって同じことですよ。ただ応用する手段がちがうにすぎません。だから陸軍の戦術書から海軍戦術をわり出すことだって出来るのです。

（中略）

会話は再び戦史のことに戻った。

——いつの時代の、どの戦史もためになりますが、特にナポレオン時代の戦史は、一ばん役にたちましょう。時代が新しいので、実例として今日でもすぐ応用がつきます。それにはエドワード・ハムレーの〝Operations of war〟（作戦研究）が役にたちます。著者はイギリスの陸軍砲兵将校ですが、三十歳のころクリミヤ戦争に従軍したのです。戦後イギリスの陸軍大学校の戦史の教官となって、近代ヨーロッパの戦争の実例にそくして戦略、戦術を研究しました。その講義をまとめた本（一八六六年）です。

（島田謹二『アメリカにおける秋山真之』）

マハンは、ジョミニの『The Art of War』を徹底して研究し、ジョミニが提唱した内戦原理を海戦の場合にも適用できることを発見した。マハンの唱えた兵力の集中、中心位置、内線の優位などは、ジョミニの原理そのものといっても過言ではない。

マハンが薦めたのはジョミニ『戦争概論』の英訳版『The Art of War』とナポレオン戦史の研究だった。英訳版『Art of War』は前述のように米陸軍士官学校のメンデル大尉とグレイヒル中尉が共同でフランス語から翻訳したもので、1862年1月に出版された。秋山が精読したのは同書の1864年版だった。

マハンはジョミニを「ベスト・ミリタリー・フレンド」と呼んで敬愛し、かつジョミニから大きな影響を受けている。秋山はマハン大佐を2度訪れて研究の方針を固め、以降海軍戦術の勉強に打ち込んだ。

秋山は、マハンから戦史や記録が収納されているワシントン海軍省文庫の利用を勧(すす)められ、同文庫にひんぱんに出入りし、マハンが推薦した書物を見つけ次第読み、ノートをとった。また買える本は買い、戦史や戦書の読破にかける時間は徐々に比重を増した。

観戦武官として米西戦争を見学

秋山が米国に赴任(ふにん)した翌年の1898年4月から8月までの間、アメリカとスペインで米西戦争が勃発(ぼっぱつ)した。秋山大尉は軍事視察の名目で、観戦武官として現地で揚陸戦、封鎖戦、海戦をつぶさに見学し、この実態を「サンチャーゴ・デ・クーバの役」として海軍軍令部に報告している。

戦術はマニュアルで学ぶことができるが、それはあくまで知識（戦術学）であり、戦場での応用には体験の積み上げが必要だ。実戦参加がベストで、実戦の見学が次善だ。とはいえ、実戦は軽々に行なわれるものではない。このような機会がない場合は、実戦に近い訓練環境を作為して、実戦的訓練を積み上げることが不可欠だ。

秋山は小砲艦「筑紫」の航海士として日清戦争に参加した。黄海の海戦には参加していないが、威海衛でシナ軍砲台を砲撃したのが初陣だった（１８９４年８月）。11月末に旅順口攻撃で実弾の洗礼を受け、威海衛総攻撃（１８９５年２月）で「筑紫」は重砲弾を浴びて大きな損害を蒙り、戦場の悲惨さを直接体験している。

観戦武官は、剣道、柔道、弓道など武道の世界の〝見取り稽古〟に似ている。彼は自分が直接戦闘に参加するのではなく、第三者の冷静な目で、全般態勢、両者の戦術、部隊の動きなどを見学して学んだ。実戦では自分の目の届く範囲しか見えないが、観戦武官は司令官の目で全般を見ることができる。

秋山大尉は軍事視察の名目で、６月２日から８月２日までの２カ月間、観戦武官として武官仲間と共に運送船「セグランサ」、仮装巡洋艦「ハーバード」、運送船「セネカ」に便乗して、現地で戦闘の実際をつぶさに見学した。

秋山は、戦地からワシントンに帰ったのち、彼が観戦した戦いの詳細な報告を「サンチャーゴ・デ・クーバの役」と題して短期間で起草し、8月15日付で、彼が直属する海軍軍令部第三局諜報課に報告した。

この報告書「サンチャーゴ・デ・クーバの役」はのちに「極秘諜報第百十八号」と銘打たれることになる。島田は「その着眼、その批評、その表現、ともにここに一章を設けて、詳しく記述するに値する内容を備えている」と高く評価している。

秋山の報告書は、観戦武官として見学した事実を述べるだけではなく、将来のロシア海軍との戦いをイメージしていたのだろう。秋山の〝見取り稽古〟が日露戦争の現場で生かされたことは言うまでもない。秋山真之が軍令部に報告した「サンチャーゴ・デ・クーバの役」について、島田は「日本の報告文学の夜が明けた」と比較文学者の視点から激賞している。


この秋山の報告は諜報記事として、いたれりつくせるものといわねばならぬ。さらにこの文中に出ている秋山の見方は、とにかく秋山の見方である。主としてマハンに教えられて、自ら体得したジョミニやハムレー等の兵学思想を、新しく秋山流にこなして、かれ一流の兵学思想の根拠に立って、ものをいっている。米西両軍の戦略が大きく裏にこめられているところは、看破される。勝敗の兵理はあざやかにつかまれている。戦術の正奇も、かれは、かれらしく、かれらしいことばで、はっきり論じている。(同前)

島田の調査によれば、米国滞在中に秋山が報告した記事の大半が現存しているようだ。これらを発掘し、すべてに目を通し、今日に蘇(よみがえ)らせたことは、比較文学者島田謹二の面目躍如といっても過言ではない。比較文学といえば一見戦術とは無縁のように思われるが、私たち後進には何よりの贈り物である。

艦隊司令部付として乗艦実習

秋山大尉は、1899年2月から6カ月間、合衆国の常備艦隊として戦力が最も充実している北大西洋艦隊司令部付として、旗艦の装甲巡洋艦「ニューヨーク」に乗り組んで、合衆国艦隊を「実地見学」した。秋山は幕僚付として個室を与えられている。秋山が乗艦した「ニューヨーク」は、合衆国新海軍の発達史上で1つの頂点をなす艦だった。排水量8200トン、動力17400馬力、公試運転で21ノットを出し、どんな戦艦よりも強力で、しかも美しかった。

艦隊司令部の陣容は米西戦争当時とほとんど変わらず、サムソン長官のもとにチャドウィック参謀長（大佐）、ストーントン参謀（少佐）、艦隊副官アーネスト・ベネット大尉が幕僚部を構成していた。チャドウィック参謀長は経歴も豊富で、合衆国海軍きっての向学の士官で、秋山は彼から多くを学んだ。

チャドウィック参謀長に指示された仕事を、ストーントン少佐は、ひとつひとつやってのける。毎日定時に寄せられる各艦費消の炭水量の総計を出すとか、時々行われる日常教練の各種の成績の統計を出すとか。それを、幕僚付きとしての秋山は、見学していて、時々手つだう。……時には命ぜられるままに、寄港地の地形を案じて、各艦の碇泊位置に関する作図を描くこともあった。要するに下級参謀の受けもつ海軍戦務の初歩を、秋山ははじめて実地に見学し、演練した。（同前）

秋山はチャドウィック大佐からばかりではなく、サムソン長官の傍(かたわ)らに居て、大艦隊を指揮するアドミラルのあり方を学んだ。危機において、自己の利害打算は捨てる、十分な自制力をもつ、与えられた責任は完遂する、これがサムソンの本質である、と秋山大尉は大艦隊を率いるアドミラルの本質を探り当てたと信じた。

米国滞在2年半の成果

海軍大尉秋山真之に託された使命は、海軍戦術の開発とロシア艦隊に勝つ戦術・戦法を創出することだった。留学生としてアメリカに滞在した2年半の日々は、観戦武官、艦隊実地見学も含めて、託された使命をいかに達成するかの模索であった。

秋山の基本方針は「ちゃんとした対策をたてるためには、今のところジョミニ系統の学理に基づく兵学を究めなければダメだ。よし、くりかえしてナポレオンの兵理を組織化した現代の戦略戦術を学びとろう」との確固たる決意だった。彼は自らの体験から「書物は多く読むよりも一書を深究するがよろしい」と言い切っている。

このとき〔黄海海戦の批評の中で〕秋山には、理想の戦術観があった。「完全無欠ニ実施サレタル戦術ハ、殆ド無臭味ニテ、戦談の種子モナク、戦況ニ光彩モナク、又誰ニ大功績アルカモ分ラズ、而カモ全軍一様ニ最大ノ戦闘力ヲ発揮シ、大功ヲ全局ニ収メ、勝果ノ獲得最大ナルモノナリ」というのがそれである。完全なチーム・ワークとでもいうべきものだろう。「古今東西ノ兵書ニモ相見居候」とあるが、かれがそれまでおさめていたジョミニ系統の西洋の兵書だけではない。東洋の兵書もすでに熟読していたことが、この一文からはっきり考証される。その東洋の兵書の中心は、いうまでもなく孫子であったろう。（同前）

秋山は軍令部、海軍大学校、先輩士官、同期生などから意見や見解を求められ、率直に自分の考え方を披露している。右はその1つで、秋山の思索・研究が一段と進んでいることを明示している。筆者の経験からもアメリカ人のチームプレーとチームワークには敬服するものであるが、秋山も米国滞在で同様の感覚を持ち、チームワークを戦術思想の理想像へと昇華させている。

海軍大尉秋山真之は1899（明治32）年12月27日付で米国駐在を免ぜられて英国駐在

を仰せつけられた。２年半の米国滞在に終止符を打って新任地のイギリスへ旅立つことになり、『アメリカにおける秋山真之』は巻を閉じている。

3 秋山真之『海軍基本戦術』

秋山流戦術思想の神髄

日露戦争が必至であることを予期した明治国家は、秋山真之という29歳の一海軍大尉に海軍戦術の開発を託し、留学生として米国に派遣した。彼はロシア艦隊に勝つ戦術・戦法の創出を自らの課題として刻苦勉励し、丁字戦法を編み出した。米国滞在の秋山については2『アメリカにおける秋山真之』で述べた。

明治38（1905）年5月27日、連合艦隊司令長官・東郷平八郎は、ロシア海軍バルチック艦隊の敵前での意表をつく回頭を敢行し、艦隊決戦によりバルチック艦隊を全滅させた。この敵前回頭（丁字戦法）は、連合艦隊参謀・秋山真之中佐が全知全能を傾けて創出した、肉を切らせて骨を断つ必死必殺の戦法だった。

明治海軍が秋山に託したロシア海軍に勝利するための戦術戦法の研究は、日本海海戦の殲滅的勝利によってその目的を達成した。だが、彼に託されたもう1つの使命は、自から編み出した海軍戦術を日本海軍に定着させることだった。

秋山真之は明治35年7月17日付で海軍大学校の戦術教官を命ぜられ、日露戦争をはさんで、その前後に甲種学生に講義している。その講義録が『海軍基本戦術』『海軍応用戦術』『海軍戦務』で、秋山流戦術思想の結晶だ。

私は島田謹二の著書『アメリカにおける秋山真之』によって秋山の講義録のことを知ったが、その講義録を読む機会はなかった。2005年に『秋山真之戦術論集』が刊行され、『海軍基本戦術』『海軍応用戦術』『海軍戦務』が原文のまま収録され、ようやく目にすることができるようになった。

私の関心は『海軍基本戦術』の中身だった。秋山真之の海軍戦術の研究がどのように敷衍されているかが最大のポイントだ。同講義録は「海軍基本戦術第一篇」と「海軍基本戦術第二篇」の2部で構成されている。

第一篇は、緒言、戦闘力の要素（第一章）、戦闘単位の本能（第二章）、艦隊の編制（第三章）、艦隊の隊形（第四章）、艦隊の運動法（第五章）で構成されている。およそ100年前の日露戦争当時の潜水艦も航空機も存在しない平面的な海上での戦い方を述べたもので、歴史資料としての価値以上のものはないと正直なところ感じた。

ただし「第一篇　緒言」と「第二篇　第一章　兵理」には秋山流戦術思想のエキスが語られており、現代にも通じる話が多い。

秋山流戦術研究のノウハウ

秋山は第一篇「緒言」で戦術とは何か、戦術をいかにして学ぶかを明らかにしている。この緒言に秋山真之の戦術研究のノウハウが凝縮されている。

戦術の定義――戦術とは「現時のタクチックスすなわち戦術の定義は海軍大学校の兵語界説に記載されているように、兵術（Art of War）の一科であり、主として戦闘において軍隊を指揮運用して敵と戦う技術、すなわち簡単に言えば戦闘術を意味するものである」と明らかにしている。

戦術の学び方――いかにして戦術を学ぶかは「温故知新に学ぶ以外の研究の方法はない」と明言して次の5項目を具体例として列挙している（筆者が現代文風に修正）。

一、古今の名将兵家の著書・言行などを資として兵術の原則を研究し、これを近時の海戦に応用する方法を明らかにし、兵術に関する智識を広めて思考を深める。

二、古今の戦史を研究し、主として各種戦例における成敗利鈍の分かれる原因と結果、その因果の関係・経路などを調べ、どのような兵理が存在するかを明らかにすると同時に、将来の実戦において準拠すべき要点を提示する。

三、兵棋・図上演習・対策作業などによって近世兵術の計画実施に関する利害得失を研究し、戦陣に処する観察力、判断力、機知、決断力などを養う。

四、兵術の計画実施に欠くことができない戦務を研究し、執務上の技能と基礎知識を体得する。

五、実地演習を見学し、各戦略地点・軍港・要塞などを視察し、机上の研究の不足部分を補い、用兵作戦に関する一般の見識を増進させる。

戦術の定義も戦術の学び方も、米国滞在中にマハンに教えを請うて以来の、秋山真之の研鑽、修学の集大成となっている。

この5項目は今日においても何らの遜色もなく、必要なことはすべて網羅されており、戦術学習の指針としてそのまま適用できる。特に、最も地味で無視されがちな戦務を「研究し、執務上の技能と基礎知識を体得する」と強調していることは、さすがと言わざるを得ない。

マハンは、海軍大学校での講義を書き直して『歴史に及ぼす海上戦力の影響』(邦訳『海上権力史論』として知られている)を1890年に出版している。当時米国内ではあまりウケなかったようだが、ヨーロッパでは高い評価を得て、秋山が訪問した頃には、マハンは歴史学者として世界的に通用していた。

ロジスティクスの研究

秋山が米国滞在中に、北大西洋艦隊の旗艦装甲巡洋艦「ニューヨーク」に乗り組んで艦隊実習した当時、日本海軍には「戦務」という用語も概念もなかった。秋山は、艦隊実習で体得したロジスティクス(令達・報告及通報・通信航行・碇泊・捜索及偵察・警戒・封鎖・陸軍の護送及揚陸掩護・給与)を、ストラテジー(戦略)とタクティクス(戦術)とならぶ重要分野と位置付けた。秋山の偉大な発明と言ってもよい。

秋山は、ロジスティクスを研究しなければ戦術応用ができないと断じている。ロジスティクスは兵站(補給、輸送、整備など)を超えるきわめて幅広い概念で、このような認識が、海軍大学校での講義録『海軍戦務』に具体化されている。

「海軍戦務」は、海軍と言う巨大組織を十分にかつ効率的に運用するための、詳細なマニュアルとも言うべきもので、実際の所秋山が最も力を入れた研究、講義は、この戦務であったと思われる。これは、日露戦争後に五期甲種学生として海軍大学校で秋山の講義を受けた山梨勝之進(やまなしかつのしん)が、太平洋戦争後の昭和三五年、海上自衛隊の幹部学校において講演した際に、日露戦争直後の海軍大学校での講義において、秋山が「自分はこの戦争で国に奉公したのは、戦略・戦術ではなく、ロジスチックス(戦務)であった」と発言したことを語っていることからも窺(うかが)うことが出来る。

(秋山真之、戸高一成解説『海軍応用戦術/海軍戦務』)

秋山は「戦務は普通の庶務に過ぎないが、兵術と密接な関係がある。戦略戦術のように直接敵と戦う技術ではないが、戦務の媒介に依(よ)らなければ、いかなる兵術も実施できない。戦務は指揮官よりむしろ補佐する参謀将校が直接担任するものが多く、その任に当たるものはこの業務に習熟する必要がある」と断じている。

秋山がロジスティクスに着目した発端(ほったん)は、ジョミニの著作『The Art of War』の第6

章「Logistics, Or The Practical Art of Moving Armies」だった。ジョミニは、ロジスティクスの意義と重要性が近代に至り著しく拡大、発展していることを指摘した。この第6章の内容と北大西洋艦隊司令部付としての体験が、秋山の「戦務」への認識の背景にあることは間違いない。

「海戦要務令」(『海軍戦術』を改称)は当初単なる業務参考書に過ぎなかったが、後に極秘図書となり、一種の聖典と化した。結果的に日本海軍の作戦を縛ることになり、日本海軍の作戦計画から柔軟性を奪う原因の1つとなった。

秋山流戦術思想の根幹

秋山流戦術思想の根幹は第二篇「第一章　兵理」に尽くされており、以下その要点について述べる。

兵理の定義――兵理(戦理)とは、兵戦(戦闘)において対抗する両軍の勝敗を支配する自然の原理のことで、戦闘の規模の大小と陸戦・海戦を問わず、これに従うものは勝ち逆らうものは敗れるという永久不変の力学の原理のようなものである。「兵理を一言にして尽くせば優勝劣敗の理すなわちこれなり」

兵戦の3大要素――兵戦の3大要素は時（Time）、地（Place）、力（Energy）に帰納せられ、力を第1とし、地と時がこれに次ぐ。戦闘においてはまず兵力の優劣に着眼し、次いで地の利害を観察し、終わりに時の適否を考慮する、との意味である。

戦術の要とは、端的に言えば戦闘力（力）・空間（地）・時間（時）の3大要素のバランスをとること、たとえば戦闘力が不足する場合は地形または時間でこれを補い、時間がなければ地形または戦闘力でこれを補完する、といった塩梅だ。

戦闘力の用法――力（エネルギー）の状態および用法は集・散・動・静の4法に帰する。戦闘は力（戦闘力）と力（戦闘力）の抗争で、空間（地）・時間（時）という条件下で、戦闘力の集・散・動・静の組み合わせにより、強いものが勝ち弱いものが負ける、いわゆる「優勝劣敗」の戦理が成立する。

各個撃破――「優勝劣敗」は冷厳な戦理だが、優者が常に勝ち、劣者が常に敗れるわけではない。強大な戦闘力を保有しながら、これを効果的に運用する術を知らないがゆえに、戦いに敗れた例は枚挙にいとまがない。逆に、劣勢な戦闘力しか保有できない場合でも、その運用の妙により、戦勝を獲得した例もまた戦史に多く見られる。

集中は生きるということ。分散は死ぬるということ。だから、しっかりかたまって、しかも自由自在に動かなければいけない。ナポレオンの機動した一七九六年の北イタリヤ作戦を、マハンはみごとに分析した。それによると、ナポレオンがあれほどひきつづいて勝利をしめえたのは、主力をいつも集中しておいて、わずかに小数の分遣隊を分派して戦わせ、時間をかせいでいる間に、敵の最も弱点とするところに、主力をもって攻撃を加えたからである。（島田謹二『アメリカにおける秋山真之』）

秋山真之が案出した必死必殺の「丁字戦法」は典型的な各個撃破だ。「敵を個々に破るは戦術上の要義にして即ち優勝劣敗の兵理の教ふる所なり。丁字戦法は此要義より生じたものにして一旦敵に丁字を画き得たに於ては砲火を敵の翼端に集中するを要す」と秋山自身が『海軍基本戦術』で明言している。

さらに、『海軍基本戦術』の第二篇「第一章　兵理」の内容は、次項の4『戦理入門』にほとんどそのまま取り入れられている。秋山真之の研究は過去の話ではなく、今日の戦術教育に生かされており、私自身もその恩恵をこうむっている。

4 戦理研究委員会『戦理入門』

戦後の青年幹部自衛官を対象とした戦術入門書

『戦理入門』は陸自の青年幹部を対象として刊行されたものだが、教範類のように「部内専用」に指定されたものではない。とはいえ一般読者には入手しづらい書籍で、この意味では〝幻の戦術書〟といえる。

公的な教範類ではないがゆえに、記述内容は典範例のような堅苦しさがなく、ある意味では戦いの原理・原則を自由奔放にとらえている。こういった意味で、本書はわが国の軍事書籍に画期をもたらしたと言える。『戦理入門』の出現にはそれなりの理由があり、この経緯を追ってみよう。

わが国は昭和20（1945）年の敗戦の結果、軍隊が解散されて陸軍も海軍も消滅した。5年後の昭和25年に警察予備隊が創設され、再軍備がスタートした。この間、わが国には軍事組織が存在せず、したがって軍隊の幹部（将校、下士官）を養成する機関はなく、戦術教育も空白のままだった。

昭和27年に保安隊が発足し、後に陸上自衛隊へと改編された。軍事組織には基準となる教典・教範が必須であり、当時の保安隊・陸自は、米陸軍野外教令『オペレーションズ』を翻訳した『作戦原則』を基本教範として採用した。

昭和20年代〜30年代は、敗戦の余波冷めやらず混沌とした時代だった。旧帝国陸軍の基準典範例『作戦要務令』・『歩兵操典』などの使用には憚りがあり、教育訓練はすべて翻訳した米軍マニュアルを準拠とした。

昭和43年に『野外令』が制定された。これ以前は、戦後世代（旧軍の経験なし）の幹部が自学研鑽できる戦術書は米軍の翻訳教範だけで、〝最近の青年幹部等の素養〟と危惧される――戦術が身についていない――状況となっていた。

このような風潮の中で、昭和43年の『野外令』制定前後に、『戦理入門』『野外令第1部の解説』『師団の解説』などが相次いで刊行され、戦術を自前の教材で学ぶ環境が急速に整備された。

昭和44年、戦理研究委員会編『戦理入門』が田中書店から刊行された。新書判189ページの小冊子で、（陸上自衛隊）青年幹部の戦術初学者を対象として、戦理修学の資とするために編纂された。

戦理研究委員会には36人のメンバーが名を連ねており、いずれも旧陸軍将校で、敗戦という苦い体験をふまえ、痛切な反省と教訓が研究内容にこめられている。『戦理入門』は旧陸軍世代から戦後陸自世代への「申し送り書」とも言える。

旧陸軍大学校に相当する陸上自衛隊幹部学校校長だった梅沢治雄陸将は、「第2次大戦末ころまでの戦理のうち特に重要と思われるものについて、戦史戦例に証左教訓を求めつつこれを分析し、古今の著名な兵学書等に照合吟味のうえ整理体系化したものであり、戦略戦術研さんを志す青年幹部諸官のためのよい参考書であると信じます」と、同書出版の趣旨を「序」で明らかにしている。

田中書店版は昭和50年に改訂され、その後絶版になったが、平成7（1995）年に陸戦学会が再改訂して復刊した。新版は本文を部分的に改訂し、欠落事項を追加し、全体として原著書の内容を引き継いでいる。

従前から、戦理についての部分的・断片的文献は比較的多く散見されたのでありますが、体系化されたものは今までなかったのであります。

戦理の本質（合理と実証により弁証法的に発展する性格を有する理論）に照らして、これらの体系化には困難なものがあります。然しながら最近の青年幹部等の素養にかんがみ「序」において述べられた如く、戦理の研究は急務であることが痛感されますので、戦理研究委員会をもって体系化を図ることになったのであります。

この体系化にあたりましては、鬼沢、野副、山之内各教官の指導により、松本（大）、清藤、前田各教官が中心となり、四二年三月起草し、幾多の労苦を重ねつつ同年八月に概成、幹部学校記事を通じ、その要旨を逐次紹介して参りました。

幸いに各位の御好評を得、またこの際、単行本にせよとの御要望にこたえ、富沢教官が編さんにあたり、戦術初学者の参考として刊行する運びに至った次第であります。

もちろん本書は、研さん途上のものであり、なお推敲の余地が大きいと思いますが、取りあえず初学者の自学研さんのために紹介する次第でありまして、各位の御意見、御叱正を賜りたいと存じます。（戦理研究委員会『戦理入門』）

「発刊の辞」で述べられているように、本書は「古今の著名な兵学書等に照合吟味のうえ整理体系化」したものである。参考文献が示されていないのは瑕疵と言えるが、秋山真之の講義録『海軍基本戦術』の根幹を成す〝優勝劣敗〟が本書の基調になっている。

戦いの本質と陸戦の特色

戦術初学者は、通常、「戦いの原則」をはじめとして攻撃、防御、後退行動などの原則の理解を出発点とする。とはいえ、これら諸原則には根底を成す諸原理があり、これら本質ともいえる原理を理解しなければ、戦術を真に理解することにつながらない。『戦理入門』は戦術行動の本質を探求した参考書である。

戦いの本質は「力」であり、その最大発揮である。その目的は相手の抵抗力を破砕してわが意志に従わせることであり、その手段は、力を行使して相手の戦う力（有形・無形）を壊滅することである。

戦いの要素・特性として次の4項目が挙げられる。

一、彼我ともに自由意志をもつ相手があるということ。
二、彼我ともに相手（敵）を打倒しようとする意志があること。
三、相手の意志を屈服させるために「力」が用いられること。
四、戦場には「霧」と「摩擦」が存在する——状況は常に不確実・不安定・不明瞭、齟(そ)

齬・錯誤の連続、生命に対する危険、恐怖・疲労による心身の困難、などに見舞われ、戦況は予期のごとくには進展しない。
陸戦の本質的役割は、人間の支配であり、またその手段としての陸地の支配である。陸上戦力が〝最後の砦〟といわれる所以だ。

陸上部隊の行動する環境はすなわち陸地であり、陸地の特性は、陸戦の性格を規制する支配的要因である。科学技術の進歩は、陸地の各種の制約からの解放に大きく貢献しているが、陸戦の基本的性格を変えるには至っていない。(『戦理入門』)

今日では、戦場は自然が作った陸、海、空、宇宙を超えて、第5の戦場と言われるサイバー・スペース、さらには電磁波の領域へと拡大されている。この変化は科学技術の驚異的進歩によるものだが、陸戦の本質にはいささかの変化もない。

昨今、中国軍の海洋進出に直面する南西諸島の情勢が注目される。中国の公船が絶え間なく尖閣諸島の周辺に現れ、領海侵犯も常態化し、手を拱いているといつの間にか領有権を失ってしまう恐れがある。

無人島の尖閣諸島といえども、わが国の領土であり、その主権を守るためには、いかなる国の陸上戦力の上陸をも峻拒（しゅんきょ）し、万一上陸を許した場合は、どのような犠牲を払ってもこれを海に追い落とさなければならない。陸上戦力の本質が問われる究極の場面だ。

戦理とは何か……戦理は、戦いにおいて、戦勝を得るための根本的な原理および原則である。原理は必然的な理（ことわり）を、原則は蓋然（がいぜん）的な理を表している。原理は「優勝劣敗」唯一であり、原則には戦勝のための戦闘力の行使に関する各法則が存在する。

〔戦理は〕終始一貫して消長変化せざる事尚ほ力学の原理之如し、兵理を一言にして尽せば優勝劣敗の理即ち是なり。（秋山真之『海軍基本戦術』）

優勝劣敗は、強いものが勝ち弱いものが敗れる、という単純にして明快な永久不変の原理だ。優勝劣敗は全体的な相対戦闘力の優劣ではなく、決勝点における相対戦闘力の優劣をいう。すなわち、劣勢でも決勝点で優勢を獲得できれば勝てるという意味だ。ここに戦術の妙味（みょうみ）があり、指揮官の戦術能力が問われる所以だ。

戦闘力の意義と特性

本項では「戦いの3要素」「戦闘力の原理」「4Fの原理」の3項目が対象だ。このうち「戦いの3要素」と「戦闘力の原理」は、『海軍基本戦術』の内容をそのまま採用している。「4Fの原理」は、原典は明らかではないが、英国退役陸軍少将J・F・C・フラーにあるのではないか、と私は推測する。

戦いの3要素――力（Energy）：敵を打撃する基礎要素。時間（Time）：明暗寒暑晴雨等の天然現象及び時期。空間（Space）：地形の特性等の自然現象と広さ及び態勢。これらを戦いの3要素とし、最も注目すべき要素が「力」である。

戦闘力の原理――戦闘力は、戦いの3要素中の基礎をなすもので、時間と空間の場において、急速かつ常時変化する。戦闘力には集、散、動、静の4つの性質がある。「大観すれば力の状態は集散の二状と動静の二態に外ならざるなり」（秋山真之『海軍基本戦術』）を敷衍（ふえん）したものである。

「集」……戦闘力は集めれば強くなる。
「散」……戦闘力は分散すれば弱くなる。

「動」……戦闘力は動かせば強化する。
「静」……戦闘力は静止すれば弱化する。

敵に打撃を加えようとする場合、「集」×「動」の戦理が生じ、攻撃が、主導性を確保して決定的成果を収めうる最良の方策である所以である。

4Fの原理——戦闘は4つの機能——Find（情報機能）、Fix（拘束機能・敵の行動の自由を阻止・制限）、Fight（打撃機能）、Finish（戦果の収得）のもとで行なわれる。拘束と打撃の適用により、迂回、包囲、突破、防御における逆襲、対着上陸戦における海岸配備部隊と打撃部隊の関係などが理解できる。打撃機能の究極の姿が殲滅戦である。

わが戦闘力により、敵の戦闘力を破砕するためには、敵の戦闘力が打撃する場所にあるということが第1条件であり、このために敵の戦闘力をわが欲する時期と場所に拘束する作用が必要であるのは明らかである。このように拘束と打撃は密接不離の関係にある。

フラーは学究的軍人で、「戦いの原則」の生みの親である。フラーは長年研究した成果を『戦争の科学の基礎』として1926年に出版している。この中で、「戦闘力行使の基本的概念」としてHold（拘束）、Move（機動）、Hit（打撃）を明らかにしている。私は、フラーが提示した「戦闘力行使の基本的概念」を米陸軍が「4Fの原理」へと発展させた、と推察している。

私は本書の企画に15年以上を費やした。軍の学生諸官が、本書の有効性を評価するだけではなく、戦争を科学的に思考するために評価してくれることを希望する。私たちがそのような思考ができるまでは、私たちは戦争の真の技術者になれない。

（フラー『The Foundations of the Science of War』）

戦闘力の集中

戦闘力の集中は、古来、陸戦における戦勝の決め手として重視された。有限の戦闘力を最も有効に発揮する「力の活用法」の1つであって、優勝劣敗の根本戦理から導き出される最重要な原則である。

なぜ戦闘力の集中が重要なのか？
つまるところ、戦術とは決勝点で敵を撃破できる優勢な戦闘力を発揮するためのアートである。彼我の相対戦闘力の比が、全体的には我が劣っていても、戦闘力の集中により、決勝の時機と場所で相対的優位を作り出すことができるからだ。

戦闘力の求心的行使――中心に向かって戦闘力を集中する求心の理――の適用例として外線作戦、分進合撃、包囲、突破が挙げられる。戦闘力の求心的行使は、いわば強者の戦法である。攻勢作戦の特性は集中性、攻撃は求心作用といえる。たとえば太平洋戦争のインパール作戦は図上で見ると典型的な外線作戦だが、戦力不足が露呈して惨敗した。

戦闘力の偏心的行使――中心に存在する力を円周上の1点に向かって集中する偏心の理――の適用例として内戦作戦、各個撃破、対着上陸作戦が挙げられる。態勢的には受動、守勢の戦理である。数次の中東戦争に見るイスラエル軍の戦い方は、戦闘力を集中して逐次に敵を撃破する典型的な内戦作戦だった。

各個撃破――戦闘力の偏心的行使を活用した戦法である。その目的は、1敵に対し局地的に優勢を獲得して、各個に逐次に敵を撃破し、全体の勝利を得ることである。本質的には劣勢軍の戦法であり、敵の行動に応ずる機会戦法である。

ナポレオンはフリードリヒ大王のロスバッハやロイテンの戦史を研究して、各個撃破という画期的な戦い方を創造して発展させた。ガルダ湖畔の各個撃破(1796年7月)はその典型的な戦例で、近代戦術の夜明けと言えよう。

ナポレオン戦史を徹底して研究したジョミニは『戦争概論』で戦いの基本原則=内戦原理を明らかにした。これをマハンが『海軍戦略』へと進化させ、さらにマハンの指導を受けた秋山真之が、『海軍基本戦術』として確立した。

この一連の流れが、陸自幹部学校有志が編纂した『戦理入門』に具体的に引き継がれている。私にはこのような自覚はなかったが、各個撃破という、いかにも戦術の華といった趣のある戦法には、このような歴史的な背景が詰まっている。

各個撃破は、本質的には劣勢軍の戦法であり、敵の行動に応ずる機会戦法である。したがって、ややもすれば受動に陥り、敵に機先を制せられやすい。故に、その利を収めるためには、好機に投ずる機眼(きがん)が特に重要である。その最大の要素は時間であり、

内線と外線

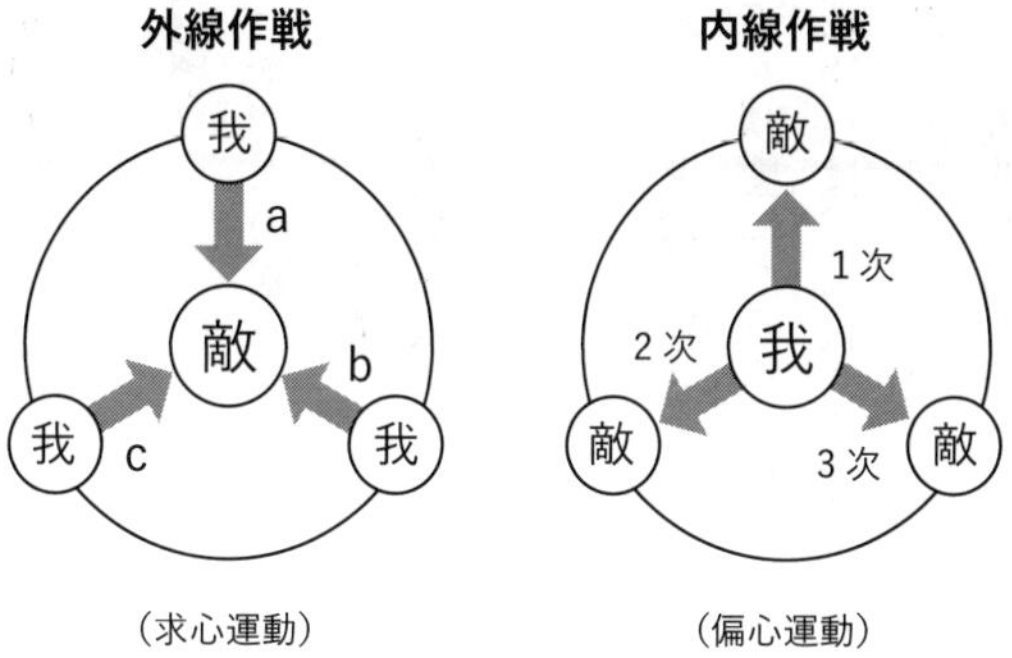

外線作戦

我
a
敵
b
我
c
我

（求心運動）

内線作戦

敵
1次
2次
我
敵
3次
敵

（偏心運動）

ここに戦理がある。（『戦理入門』）

軍隊の性格は国の大小、地勢、国民性などと密接に関連する。一部強大国の軍隊を例外として、大半の軍隊は劣勢軍として戦わざるを得ず、ここに内戦作戦すなわち各個撃破の原理が注目を浴びることになる。陸自などはその典型で、各個撃破による勝利を追求せざるを得ないというのが現実だ。

強者の戦法を代表する米軍のマニュアルには、各個撃破（defeat in detail）という用語はあるが、重要視されていない。逆に、「師団の突破正面の相対戦闘力は敵の9倍、第一線大隊では18倍、助攻撃正面には3倍の相対戦闘力を充当する」（FM3-90『TACTICS』）とあるように、徹底して戦闘力を集中することを原則としている。

戦闘力の限界

「第6編　戦闘力の限界」に戦力転換点と攻勢終末点が明記されている。私が初めて同書を読んだときは、さしたる関心もなく、単に読み過ごしていただけだった。実はこの〝戦力転換点〟と〝攻勢終末点〟の2項目には深い意味があったのでは、と後々思い知らされることになる。

・戦力転換点とは、彼我それぞれの態勢及び戦闘力に変動を来し、相対戦闘力が逆転するような状態になる点をいう。
・戦力転換点は、一般に攻守所を変える結果となるので、適時適切な戦力転換点の判断とこれに対処する方策はきわめて重要で、これを誤るときは大敗を喫する。
・摩擦（まさつ）による戦闘力の低下と策源からの遠隔が戦力転換点の成因となる。

戦闘は攻撃と防御という形で行なわれ、時間の経過とともに攻撃側も防御側も戦闘力が減少する。攻撃側に損害が多いのが一般的で、防御側が持ちこたえている間に増援が到着すれば、戦力転換点により攻守所を変える。旧日本軍は、太平洋戦争で、攻撃第一主義というドグマに固執し、相対戦闘力の劣勢を顧みずに攻撃を繰り返して敗れた。戦力転換点という冷静かつ科学的な思考を欠いた結果だ。

「攻勢転移」という戦力転換点を冷静に判断した戦い方がある。当初敢(あ)えて防御して敵の攻撃を誘い、敵の戦闘力を減少させ、一気に攻撃に転移して敵を撃滅させるという、主動性を発揮した知的な戦い方だ。

「三帝会戦」といわれたナポレオンの傑作作戦であるアウステルリッツ会戦（1805年12月）はこの典型例だ。インパール作戦（1944年3月～7月）の英軍も同様だ。英将スリム中将は、当初防勢により日本軍をインパール平地に引き込み、日本軍の兵站が伸び切った時点で攻勢に転移して日本軍に壊滅的な打撃を与えた。

米陸軍の『オペレーションズ』（2017年版）では「戦闘力は攻撃、防御いずれの場合でも戦闘行動を続けていると戦力転換点（カルミネイティング・ポイント）に達し、兵員の損失、補給の不足、疲労困憊、敵兵力の増援などが原因で各個撃破される危機に直面する」、「大規模な作戦を計画する場合は、何はさておき、敵に彼の戦力転換点を超えさせることを追求する」と明確に規定している。

・攻勢終末点とは、攻者が、戦線の拡大、補給線の延伸、物資の欠乏等により、攻撃能力の限界に達する点である。

・攻者は相対戦闘力の優勢を確保して、事後の作戦を指導することが必要である。また、攻者は、その攻撃能力が限界に達していなくても、作戦目標の達成等作戦の区切りで攻勢行動を終わらせることがある。したがって、一般に攻者は、攻勢終末点を戦力転換点以前に求めることになる。

・過去の戦史・戦例を見るとき、攻勢終末点の判断を誤り、大敗を喫した例は極めて多く、この判断がいかに重要であるかを知ることができる。太平洋戦争当時の日本軍においては、兵站の軽視が攻勢終末点の見極めを誤った要因であることを銘記する必要がある。

『戦理入門』を起草したメンバーはいずれも旧陸軍将校だった。彼らは太平洋戦争敗戦という苦渋の体験をふまえ、その痛切な反省と教訓を本書に込めている。戦力転換点と攻勢終末点はその象徴ともいうべき項目である。

日本陸軍は、ガダルカナル島作戦やレイテ島作戦のように、実力以上の作戦を強行し、いずれの作戦も失敗している。旧陸軍には作戦術（オペレーショナル・アート）という戦術の上位概念の発想がなかった。

私がかつて学んだ大部隊の運用は、師団運用の相似形的拡大で、戦術と作戦術の区別はなかった。このことは旧陸大同様に陸自の戦術教育の重大な問題点であり、抜本的な改革が必要だ。

戦力転換点と攻勢終末点という概念は、クラウゼヴィッツの『戦争論』に見いだされる。旧陸軍はドイツ流兵学を基本としており、戦力転換点と攻勢終末点も当然承知していたと思われるが、戦術思想として根付いていなかった。

戦力転換点も攻勢終末点も、醒めた目で見ると、常識的で平凡な原理である。私たち日本人には、常識的で平凡であるが故に無視するという習癖があるように思われる。要は常識が常識として通用しない、通用しなかったということだ。

第2章

戦術の適用

戦術の実戦での適用は創造性と柔軟性が求められる

軍事組織は一般的に保守的な性格が強く、変化を嫌い、教条主義に陥りやすい性質がある。教典・教範などに記述されているドクトリン・戦術・戦法などは特定条件下での一例を示したものに過ぎない。実戦における適用には当時の状況・条件に応じた創造性と柔軟性が求められる。

不易流行(ふえきりゅうこう)という四字熟語がある。時代や状況が変化しても変える必要のないものと、変化に対応して変えるべきものを峻別(しゅんべつ)する英知が求められる。だが、これを実行に移すのは容易でない。戦いの歴史を概観すると〝流行〟を忘れ、または恐れて現状墨守(ぼくしゅ)に固執(こしつ)して、一敗地にまみれた例は枚挙にいとまがない。

ひとたび確立されたドクトリン・戦術・戦法を変えるためには、膨大(ぼうだい)なエネルギーが必要となる。「将軍は前の戦争で次の戦争を戦う」といわれるように、勝者は成功体験に埋没し、現状維持を望む傾向が強い。この壁が高く厚く堅固であるほど、革新や変革はますます困難となる。

時代の潮目が変わるとき、先覚者や予言者が登場して、新思考に基づいた斬新な思想やアイディアを打ち上げる。だが、彼らが歓迎されることはまずなく、守旧派や保守派から異端者として扱われることが大半だ。

20世紀半ば頃、米国が本格的に第2次大戦に参加（1941年12月）し、ヨーロッパが世界と同義だった時代が終わった。とはいえ、ヨーロッパの戦争史を無視しては近代戦術の発祥・発展・進化を理解することはできない。ナポレオンの登場はこの点において象徴的であり、今日に至るも大きな影響を与え続けている。

第1次大戦で戦闘に画期をもたらす新兵器の戦車と飛行機が登場した。戦後に、フラーやリデル・ハートが空地一体の機甲戦を核心とする前衛的な戦術思想を提唱し、それらの受容を巡って、戦勝国と敗戦国とでは大きなギャップが生じた。

また、ナポレオン戦争以降、戦争の規模や範囲が極端に拡大し、戦術という思考範囲ではその本質を捉えることができなくなり、戦略と戦術の中間段階として「作戦術（オペレーショナル・アート）」という新たな概念が創造された。

本章では、このような点を踏まえて、『改訂版　ヨーロッパ史における戦争』（マイケル・ハワード）、『機甲戦』（J・F・C・フラー）、米陸軍ドクトリン参考書『オペレーションズ』、『ソ連軍〈作戦術〉縦深会戦の追求』（デイヴッド・M・グランツ）の4冊を取り上げる。

5 マイケル・ハワード『改訂版　ヨーロッパ史における戦争』

『改訂版　ヨーロッパ史における戦争』には何が書かれているか

マイケル・ハワードの『改訂版　ヨーロッパ史における戦争』は、約1000年に及ぶヨーロッパの歴史書であって純粋な戦術書ではない。とはいえ、現代戦術の源流を辿(たど)るためには、第1次大戦まで世界の中心地すなわち世界そのものだったヨーロッパの戦争史を知る必要がある。本書は簡にして要を得たヨーロッパの戦争史だ。

戦術は軍事全体の基盤、基礎、土台となる分野である。その戦術を理解するためには、戦争という巨大な事象と社会・文化・政治・経済環境などとの相関関係の理解が必須で、すなわち歴史を学ぶことが不可欠だ。

「中世から現代までの、ヨーロッパの戦争の歴史であるが、また、戦争から見たヨーロッパの歴史でもある。戦争史としてばかりではなく、一般史として、重要な意義をもっている」と訳者の奥村房夫(おくむらふさお)が述べている。本書は軍事や戦争だけではなく、広く一般にヨーロッパ史に関心をもつ読者を対象としている。

本書はあくまで通史であり、これ一冊でヨーロッパの歴史がスッキリと頭に入るわけではない。歴史の主要な出来事に関連する勉強が不可欠である。

著者のマイケル・ハワードは、戦争研究・戦略研究の世界的権威で、ロンドン大学キングスカレッジ戦争研究学部の創設者である。また陸軍大尉として第2次大戦のイタリア戦線に従軍し、2度負傷している。訳者の奥村房夫は陸軍士官学校・陸軍大学校を卒業した旧陸軍将校である。

著者・訳者共に陸軍将校としての戦争体験者である。特に軍事知識が欠落していると思われる訳本には辟易させられることが多々あるが、この点『改訂版　ヨーロッパ史における戦争』は安心して読むことができる。

戦術を学ぶためには、温故知新、そのよって来たる所以を知ることが不可欠だ。近代戦術の源流を訪ねるとジョミニとクラウゼヴィッツに辿り着く。この両者はナポレオン戦争にそれぞれの立場で参加し、ナポレオン戦争が終焉した1815年以降、ナポレオンの戦い方を徹底研究して独自の理論を確立した。

近代戦術の源流となったナポレオンが活躍した時代、18世紀末から19世紀初期におけるヨーロッパを訪ねるための、私にとっての最適のガイドブックが、マイケル・ハワードの『改訂版　ヨーロッパ史における戦争』だった。

専門的軍隊への変化

18世紀、軍隊は今日のような厳格に分かれた階層的な構成になり、戦争は専門的軍隊によって行なわれるようになった。変化はヨーロッパの諸国により異なり、漸進的で一様ではなかった。フランス革命以前には各国軍隊は現代の軍隊に近い軍隊、すなわち国家や国に奉仕する軍隊となっていた。

一方は、「将校」(commissioned officers)で、王に対して直接的で個人的な関係にあり、生まれにかかわらず貴族的生活様式を採用した。他方は、「兵卒」(other ranks)で、将校とはまったく違う階層の存在と見られ、全ヨーロッパから強制徴募か懸賞金で募集された。彼らは、下士官(non-commissioned officers)という番犬階級によって秩序づけられ、やたらに鞭を使うことで規律づけられた。そして戦場においてさえ、長い動かしにくい戦線に機動性を与える入念な隊形変化をロボットのように遂行するように、あるいはまた、より重大なのは、敵が直射距離から彼らに発射する間何時間も動かずに立っているように訓練された。（マイケル・ハワード『改訂版 ヨーロッパ史における戦争』）

欧米の軍隊では下士官が兵卒を訓練し、部隊の規律を維持する。このような部隊を将校が指揮することが一般的である。現代の米陸軍ではこの関係がきわめてスッキリとしており、下士官の位置付けが明確となっている。18世紀には将校、下士官、兵卒の関係がすでに出来上がっていたのだ。

今日の米陸軍の下士官は、大統領の分身として指揮系統にしたがって命令・任務を遂行する将校に援助、助言、補佐する役割を担っている。下士官は士官の命令を単純に実行する手足としての存在だけではなく、軍隊のエキスパートとしての明確な責任と権限が付与されている。

18世紀頃までには、兵器技術の変化・発展があった。火縄式マスケット銃は簡単で頑強な火打ち式マスケット銃へと替わり、歩兵の隊形は1分間に3発の発射と斉射能力のある3列編成が可能となり、騎兵の襲撃に対応できるようになった。軽マスケット銃を携行する竜騎兵が登場して、機動力のある火力を提供した。またグリボーパル砲（後述）と呼ばれる画期的な大砲がフランスで誕生した。

本格的戦闘は甚大な損害をもたらし、兵器の威力が暴力化することと反比例して戦争はスポーツのようになり、各国将軍は本格的な戦闘を回避した。18世紀末のフランス革命以前は、後世に古き良き時代と回顧されるロココ風美意識の世界だった。

軍隊は外の世界に対しては国家権力の象徴となり、独自の慣習、儀式、音楽、服装、習慣を持つサブカルチャー（下位文化）であり、現代に至るまで引き継がれている。私は18世紀から続く米陸軍の伝統行事に参加し、この一端を垣間見た。

1984年11月30日、アメリカ合衆国バージニア州ピータースバーグのフォート・リー将校クラブで、ALMC（陸軍兵站管理大学校）校長主催の公式晩餐会（ダイニング・イン）が開催された。最初の1時間はカクテル・アワーで自由に飲み語り、19時30分から22時20分までが公式行事だ。

司会進行役の女性将校が気合いの入った号令「軍旗入場、気を付け！」をかけると、会場は水を打ったように静まりかえった。軍楽隊のドラムに合わせて、ALMC最先任曹長に先導されて軍旗一旒が入場する。

曹長も軍旗護衛兵も礼装に威儀を正している。最先任曹長ともなれば、礼服の両袖は金モールでおおわれ、胸には彼の経歴にふさわしい徽章とメダルが輝いている。アメリカ合衆国国歌が吹奏され、参加者は直立不動で国歌と軍旗に敬意を表する。国籍や人種を超えて、将校団が一体化する瞬間だ。

宴酣のころ、米陸軍中佐が突然立ち上がって、「日本国天皇陛下のために乾杯を」とグラスを高く掲げて参列者の同意をうながす。全員が一斉にグラスを挙げ、「トースト（乾杯）」と叫んで飲みほす。

私はすかさず中央に進み出て、グラスを掲げながら、「アメリカ合衆国大統領のために乾杯を」と、日本国陸軍将校を代表して応ずる。18世紀から連綿として受け継がれている伝統行事は、このようにして、婦人を含めて華やかなパーティーが3時間あまり続き、フォート・リー（リー砦）の夜が更けた。

ナポレオンの戦術革新

マイケル・ハワードが「アレクサンダー大王以来最大の軍事的天才」と評価したナポレオンが、歴史の表舞台に登場した18世紀末は大変革の時代だった。

1789年のフランス革命の影響は、瞬く間にヨーロッパ全域に波及した。専制君主政治は立憲君主政治または共和政治となり、封建的階級制度による社会組織が崩壊し、軍事制度も傭兵制度から徴兵制度へと変わった。

傭兵制度下では軍隊の維持に多額の経費が必要だ。半面、長期間の高度な訓練が可能になる。戦闘は密集隊形による横隊で行なわれ、司令官の一令で全部隊が動いた。態勢の優劣で勝ち負けを決め、兵士の損耗（そんもう）を避けるために決戦しないことが通例だった。

徴兵制度下では兵士の損耗を気にすることなく大兵力の徴集が可能となった。戦い方も散兵や砲兵が火力を発揮して敵陣を動揺させ、歩兵が運動容易な縦隊隊形で白兵突撃し、決戦を求めるようになった。

軍の制度が変化し戦い方が変化したが、各国の将帥はこのことを理解しようとせず、土地の攻防を目標とし、兵力を分散して慎重に機動を行なう旧来の戦い方（陣地戦）に固執した。ナポレオンは、徴兵制度に基づく国民軍の特性を生かして、創造的破壊による新戦法（機動戦）を駆使して、時代の寵児（ちょうじ）となった。

〔ナポレオンの戦術的革新〕の中から、四つのことを選ぶことができる。第一に、軍を自律的な師団（divisions）に分けたこと。それら師団は、数条の道路に沿い同時に運動できたので、軍事的運動に大きな速度と柔軟性を与えた。第二に、自由に動き自由に射撃できる斥候兵――「軽」歩兵あるいはライフル兵――を採用したこと。第三に、ある地点で火力の優越を得るため、戦場で砲兵を一層柔軟に使用すること。最後に、横隊ではなくて、攻撃縦隊の使用。それは、防御火力よりも攻撃的衝撃を強調した隊形、すなわち、薄い隊形（l'ordre mince）から深い隊形（l'ordre profonde）への変化であった。（同前）

一、**自律的な師団を編成**

ナポレオンは、独立的に行動できる師団と複数の師団から成る軍団を編成して、戦闘を超える「作戦（オペレーション）」という概念を発明した。作戦は今日の軍隊では常識となっているが、その発端はナポレオンの戦術革命で、軍事史上におけるナポレオン最大の功績と言っても過言ではない。

フランス軍は、第1次イタリア遠征（1796年）およびエジプト遠征（1798〜1799年）を通じて、成功と失敗の両者によって鍛えられた。この結果あらゆる階級で戦闘経験豊富な兵士をもつようになった。１８００年の第2次イタリア遠征におけるマレンゴ会戦では、砲兵の統一運用、騎兵の歩兵支援など、すべての部隊が驚異的な高レベルの戦術能力を発揮している。

ナポレオン戦争以前の、全部隊が1人の司令官のもとで戦う方式と比較すると、マレンゴ会戦は複数軍団による近代戦的な攻防自在の作戦の趣（おもむき）がある。マレンゴ会戦は戦略・戦術の時代を画する戦いだった。

二、自由に動き自由に射撃できる斥候兵の採用

自由に動き自由に射撃できる斥候兵とは主力部隊の前方に展開する散兵（さんぺい）のことだ。散兵という従来のルールを無視した戦い方は、異端であり、奇襲だった。当初は、自然発生的なボランティアだったが、やがて散兵を専任とする専門部隊（遊撃兵中隊）が編成され、戦闘隊形の一部として位置付けられた。

アメリカの独立戦争に、イギリスと敵対するフランスが植民地側すなわちアメリカ側で参加し、ミニットマンの自由奔放な戦い方を現地でつぶさに見聞したフランス軍将校・下士官たちが、新生フランス軍に散兵を導入した。

ナポレオンは、過去の延長線上での発想を否定し、現場の実情に応じて冷徹なまでに最善策を追求した。卑劣な戦いを本質とする散兵を躊躇（ちゅうちょ）なく採用するところに、近代戦術に通底するナポレオンの凄（すご）みがある。

ロボット兵士には散兵はつとまらない。散兵は、近代軍の兵士同様に自ら考え、自ら判断し、自ら進退しなければならない。つまり、自律的に行動できる知的レベルが必要なのだ。フランスの国民性はこれに合致している。

ナポレオンは、1804年初頭、軽歩兵連隊の戦闘大隊内の1個猟兵（りょうへい）中隊を新規編成のエリート中隊すなわち遊撃兵中隊に転換した。1805年から1808年までの間に、すべての軽歩兵連隊は各6個中隊編成——1個擲弾兵（てきだんへい）中隊、4個猟兵中隊、1個遊撃兵中隊——で構成する4個戦闘大隊、および1個訓練大隊（4個中隊編成）に改編された。

三、砲兵の柔軟な使用

戦場において野砲を機動的にかつ柔軟に運用するというナポレオン戦術の画期的な革新は、ナポレオンの独創ではなく、グリボーヴァル・システムという基盤があってこそ可能だった。ナポレオンの功績は、すでに存在していたグリボーヴァル砲を大胆な発想で、実戦の場において最大限に活用したことだ。

砲兵監ジャン＝バティスト・ド・グリボーヴァル（Jean-Baptiste de Gribeauval）の監督下に、大砲は標準化され、部品は互換性を持たされた。装薬の改良は射程を、照準器の改良は正確性を増大し、また、軽い砲架は動かすのに必要な牽引力を大幅に軽減することによって、いかなる必要な地点にも集中することができるようになり、大砲は戦場の内でも外でもまことに順応性のある兵器になった。（同前）

グリボーヴァル・システムが卓越しているのは、重量の軽減と砲架・砲車の優れたデザインのおかげで、全体的により軽量となり、野砲が野戦軍と行動を共にできるようになったことだ。

大砲、砲架、弾薬車の全体重量はより減少し、また、段列の馬と器材の連結がより短時間で可能になり、破損の恐れが少なくなり、事故も減少し、これらの総合的な効果により野砲が戦場の内外で軽快に機動できるようになった。

グリボーヴァルが考案したシステムの最も重要な特徴の1つが、あらゆる構成品の規格を統一するという原則であった。この目的は、砲架、砲車、弾薬車のいかなる部品にも互換性をもたせるということだ。

システムの軽量化が戦場の内外における大砲の機動性を著しく向上させた。デザインや構成部品の標準化が大砲の運用性を向上させたことにプラスして、大砲を操作する砲手の専門要員化もまた画期的で、グリボーヴァルの偉大な業績だ。

改革以前は、歩兵や騎兵は軍隊の正社員（現代用語にあてはめると）の軍人だったが、大砲を操作する砲手は一時的な契約社員で正規の軍人ではなかった。グリボーヴァル・システムでは、砲手を同一の大砲に固定し、専門知識が習得できるように変更した。

これらの改革の結果、彼らは大砲により多くなじみ、器材も良好な状態で維持できるようになった。ナポレオンがマレンゴ会戦で勝利した1800年当時、契約市民だった砲手は正規の軍人（砲兵）へと昇格し、輓馬（ばんば）編成の砲兵はすでにエリート部隊として注目されるようになっていた。

四、攻撃縦隊の使用

ナポレオンは横隊と縦隊の混合隊形を好んだ。

戦場の最末端で行動する部隊の基本単位は歩兵大隊だ。この歩兵大隊を徹底して鍛えることにより、ナポレオンの意図する戦い方が戦場で具現できるようになった。彼は歩兵大隊を中隊・小隊に分割して、縦隊から横隊へ、横隊から縦隊へすばやく変換できるように、ブローニュ宿営地で徹底して教練を行なった。

ブローニュ宿営地はグランド・アルメ（大陸軍）揺籃（ようらん）の地だった。

ドーバー海峡に面するブローニュは、カレーのおよそ30キロメートル南西に位置している。ナポレオンはイギリス本土への侵攻に備えて、ブローニュ郊外に10万人をはるかに超える部隊を集結した。大規模な宿営地を建設して、乗船訓練とイギリス上陸後の戦闘を想定した野外訓練を2年間にわたって徹底して行なった。

部隊の団結力は、ブローニュの同一場所で同じ大部隊が寝食を共にし、実際の戦闘で彼らを指揮する将校・下士官と訓練を共にすることによって、さらに強固なものになった。なによりも、頻繁（ひんぱん）な野外生活と野外演習が軍隊の秩序、規律、戦場でただちに役立つ正確な戦い方を兵士たちに植え付けた。

ブローニュ宿営地の長期訓練から誕生した新生陸軍、すなわち1805年8月26日に正式に発足した大陸軍は、革命後に徴集され、重圧に押しつぶされたように見え、おどおどした兵士たちの集団ではなかった。それはあらゆる意味においてタフでプロフェッショナルなヨーロッパ最強の軍隊だった。

軍隊の管理革命

ナポレオン戦争の時代、軍隊の規模が大きくなり、技術が著しく進歩し、近代戦遂行のために軍事部門における指導者の養成が急務となった。ナポレオンは「国に軍事組織の中核を成す幹部（士官と下士官の総称）が存在しなければ、軍隊の編成は極めて困難」と言っている。なによりも士官の養成が急務だった。

イギリスは1802年に王立士官学校、フランスは1808年にサン・シール士官学校、プロイセンは1810年にベルリン士官学校、ロシアは1832年に帝室士官学校を創建あるいは再建した。各士官学校では最新の戦役（ナポレオン戦争）の教訓を教育した。

ナポレオン戦争後に、ジョミニの『戦争概論』とクラウゼヴィッツの『戦争論』に代表される軍事理論家たちの著述があふれた。戦争は、専門教育を受け、戦争理論を学んだ軍人によって遂行される時代になったのだ。

クラウゼヴィッツと同時代の戦略思想家であるジョミニの著作『戦争術概論』は、出版当時から非常に人気があり、多くの国々で翻訳された。
人気が高かった理由は、ジョミニが最近の出来事であるナポレオン戦争に関して図式化された解釈を提供し、理論ではなく具体的な行動指針を求める軍人たちのニーズに合致したからである。（川村康之『60分で名著快読 クラウゼヴィッツ「戦争論」』）

日本クラウゼヴィッツ学会元会長の川村康之は『戦争論』の売れ行きについて、「１８３２年に出版されてから１５００部が売り切れるまでに20年を要した。プロイセンの軍人たちは、哲学的で難解な『戦争論』をもとに戦争理論に取り組もうとはしなかったから」と解説している。

ナポレオン戦争終結（１８１５年）からクリミア戦争（１８５３～56年）までのおよそ40年間、一部の例外はあるが、ヨーロッパは比較的静穏な時代だった。この間に産業革命の原動力だった蒸気機関が著しく発展し、陸海の輸送に大きな変化をもたらした。特に鉄道の発展は軍事に革命的な影響を与えた。

一八六〇年代にプロイセンの参謀本部が熟達したように、鉄道で軍隊を動かす管理上の複雑さがいったん習熟されると、軍隊の大きさを制限するものは、社会における兵役適齢期の人口数、徴兵に対する政治的・経済的制約、軍隊を訓練し装備し動員するための管理能力、だけであった。(『改訂版 ヨーロッパ史における戦争』)

マイケル・ハワードが「管理革命」と述べているように、プロイセン参謀本部はシャルンホルストによって創設され、1858年に参謀総長に就任したモルトケが全面的に再編成した。この参謀本部は19世紀の偉大な軍事革新だった。

余談となるが、わが国の幕末期――ナポレオン3世の時代――、幕府は歩兵隊を創設し、フランス軍事顧問団の伝習で洋式軍隊を編成した。だが、形ばかりの洋式軍隊を作っても、これを運用し指揮できる士官がいなかった。幕府には官僚(文官)を養成する学校(昌平黌〔しょうへいこう〕)はあったが、武官を養成する学校がなかったのだ。

ナポレオンの時代から半世紀以上経っていたが、明治新政府は、新国軍の編成充実のために、有為な人材を海外に派遣留学させるとともに、明治4(1871)年に兵学寮を設置して、先ず幹部(士官、下士官)の養成から着手した。明治6年8月に下士官を養成する教導団を、翌年に士官を養成する陸軍士官学校をそれぞれ独立させた。

さらに半世紀後、太平洋戦争敗戦後の再軍備のスタートは、昭和28（1953）年の防衛大学校創設による新時代にふさわしい士官要員の養成だった。陸・海・空の士官候補生を一堂に集めて養成するという画期的な試みだった。

軍隊の技術革命

この間、管理革命とならんで「技術革命」もまた顕著（けんちょ）だった。1870年に普仏戦争が起きるが、火器は銃身内部の施条（ライフル）により、射程と正確さが5倍も向上した。歩兵のライフル銃は1000ヤード（914メートル）まで有効射程となった。弾薬の装塡は後装式となり、ドライゼ銃（プロイセン）やシャスポ銃（フランス）が登場、射手は寝転がって装塡できるようになった。

砲兵でも、同じ発達があった。一八六〇年までに、すべてのヨーロッパ陸軍は、一千ヤードから三千ヤード〔約900～2700メートル〕までの射程をもつ各種の前装旋条の火砲で装備された。この点では、プロイセン陸軍は、オーストリア軍からもフランス軍からも後れをとった。しかし、一八六六年〔プロイセン・オーストリア戦争〕における彼らの火砲の不満足な実績が契機となって、急速な戦術革命を進め、またフリードリッヒ・クルップ（Friedrich Krupp）が発達させた新型の鋼鉄製後装砲を導入した。これらの火砲は一八七〇年の戦場を支配した。ドイツ軍は緒戦においてフランス軍の優れたシャスポ（A. Chassepot）式ライフル銃によって阻止されたが、その後プロイセンの将軍たちは、歩兵をその銃の射程外に止め、火砲を使ってフランス軍を連打し屈服させた。（同前）

1880年代には高性能の火薬（リダイト、コルダイト、メリナイト）が発達し、19世紀末頃には、毎分数百発も発射する弾帯で送り込まれる水冷式機関銃が導入された。野戦砲は射程が伸び、5マイル（8キロメートル）も離れた、しかも隠れた陣地から射撃して戦闘に参加できるようになった。

一八七〇年は、一九一四年から一八年にかけての大戦が確認することになったこと、すなわち砲兵が戦場で中心的かつ多分決定的な武器になるということ、を既に示していた。一九一八年までには、地歩をとるのは砲兵で、それを保持するのが歩兵となった。そして、地歩の重要性は、砲兵の観測のための便宜性によって決まった。(同前)

第1次大戦の教訓

第1次大戦の西部戦線は、砲兵の大火力も歩兵の白兵突撃も決定力とはならず、長期の塹壕戦となった。この間における内燃機関(ガソリン・エンジン)の進歩は著しく、戦車と飛行機が登場したが、塹壕戦に終止符を打つまでには至らなかった。

戦場の決戦で戦争の勝敗が決まるという時代は終わった。戦争の結果を決定したのは、1918年にヨーロッパに到着したアメリカ軍によってなされた物的貢献というより、アメリカの資源が連合国の自由な使用に供せられるという見込みによってもたらされた精神的支援だった。つまりアメリカ軍の参戦が戦争を終わらせたのだ。大戦後に第2次大戦で開花する新しい軍事思想が出現した。イタリアのジュリオ・ドゥーエ大佐の『制空』が1920年代に幅広く読まれた。またイギリスのJ・F・C・フラーとB・H・リデル・ハート、フランスのシャルル・ド・ゴール、ドイツのハインツ・グデーリアン、ソ連のトハチェフスキー元帥など機甲戦闘の予言者が野心的なアイディアを提唱した。

6 J・F・C・フラー『機甲戦(Armored Warfare)』

『機甲戦』刊行の経緯

J・F・C・フラーの代表的著作は、1932年に出版された『講義録・野外要務令第3部(Lectures on F.S. Ⅲ)』(以下、『講義録』と略称)であるが、現在同書の原本の入手は困難である。

しかし、フラー自身が注釈を付して改題した『機甲戦(Armored Warfare)』(以下、『機甲戦』と略称)が、1943年にアメリカで出版されており、こちらを元に『講義録』に記されたフラーの思想に迫りたい。

原本である『講義録』は、「第2部(今日の戦争のための戦術書)」と「第3部(明日の戦争のための戦術書)」があり、いずれもフラーの私的著作であって、英陸軍の公式教範ではない。

フラーは、将来戦は戦車を中核とする機甲戦となる、と断言している。『講義録』は近代的機甲戦理論の原点となる理論書で、著者のフラー自身が「完璧なマニュアル」と自負しているように、完全な機甲戦の戦術書であり将来戦の予言書である。しかし、1932年の出版当時、第1次大戦（1914～18年）の戦勝国イギリスでは500部のみ販売され、アメリカでは全く無視された。

　敗者のほうがよく学ぶと言われる。『講義録』は、ドイツのグデーリアン将軍に強烈なインパクトを与え、後に〝電撃戦〟として花開いた。ソ連では13万部印刷されて赤軍全将校に配布された。チェコスロバキアでは陸軍大学校の基本教本として使用された。

　第1次大戦終了後、戦車誕生の地イギリスで、戦車の将来に関するさまざまなアイディアや提言がなされた。「戦車の役割は終わった」から「将来の戦争は戦車集団の戦いになる」までまさに百家争鳴だった。

　機甲100年の歴史を顧みると、フラーとリデル・ハートの2人は、戦車・機甲運用に関する〝予言者〟というべき存在だ。リデル・ハートは、将来戦のマスター・ウェポンは戦車であり、陸軍は新ドクトリンを確立し、編成を改め、戦術を一新して新生陸軍として再建すべし、と主張した。

　ドイツ軍はフラーとリデル・ハートの教理を参考にして機甲戦という理念を開発し、敵の指揮系統を麻痺させるために敵の抵抗拠点を避けて敵の後方深く突破する、いわゆるユティエ戦術（浸透戦術）の原則に基づくブリッツクリーク（電撃戦）を創造した。

米陸軍は『講義録』出版当初は見向きもしなかったが、11年後の1943年に先駆的な内容を改めて評価した。1939年に始まっていた第2次大戦（ポーランド戦線、フランス戦線、ロシア戦線、北アフリカ戦線）の戦況を踏まえて、フラーが旧版の『講義録』に注釈を加えて『機甲戦』と改題して再出版された。

フラーは約150箇所の注釈を加え、そのうち40ヵ所が北アフリカ戦線のロンメルの戦いだ。米第1機甲師団は、1943年2月、北アフリカのチュニジア戦線における緒戦（カセリーヌ峠の戦い）で百戦錬磨のドイツ軍に惨敗を喫する。

米陸軍は機甲師団（1940年7月15日動員）という器を大急ぎで作ったが、その器には機甲戦という理念が盛られていなかった。彼らは、フラーの機甲戦理論を実践したロンメルのアフリカ装甲軍から、高額の授業料を払って学ぶことになる。

フラーは学究肌で奇人

フラーは、1897年の英陸軍士官学校入校から1933年に退役するまで、36年間を現役軍人として過ごした。退役後は軍事史、軍事評論、軍事思想などの分野で幅広く活躍した。彼はその生涯において、46冊の著作、膨大な数の論文・記事などを発表している。フラーは〝戦いの原則〟の生みの親であり、機甲戦理論の創始者である。

フラーは、少壮士官時代から戦争を科学的に観察し、ナポレオン戦争を研究して6項目の〝戦いの原則〟を確定（1912年）した。その後第1次大戦の教訓を取り入れて2項目を追加（1916年）。フラーが確定した戦いの原則は「目標の維持」「攻勢的行動」「奇襲」「集中」「兵力の節用」「警戒」「機動」「協同」の8原則だ。イギリス陸軍当局は1920年に正規の教範『野外要務令第2部』にこの8原則を正式に採用した。

フラーは1926年に発行した『戦争の科学の基礎（The Foundations of the Science of War）』で、〝戦いの原則〟確定の経緯を詳述している。それは一朝一夕になったものではなく、長年にわたる研究の積み重ねの成果だった。

フラーは戦車が誕生した黎明期には戦車とは無縁だった。彼は第1次大戦時に戦車軍団参謀として戦車部隊の教育訓練、戦車戦術の開発、カンブレー戦などの主要な作戦計画の立案・指導に深く関与して、戦車運用の第一人者となった。フラーが総力を結集して練り上げたのが「Plan 1919」（以下「1919年計画」と略称）だ。

時代に先駆けて登場した予言者・思想家に対する反動は世の常である。英軍の守旧派・

保守派から見れば、フラーの言動は異端だった。軍の主兵をもって任ずる歩兵と騎兵の将軍たちは、フラーの前衛的な理論に耳を貸そうとはしなかった。戦略論の泰斗マイケル・ハワードはフラーを〝奇人〟と評しているが、彼の業績は認めている。

1929年、フラーは、歩兵旅団長・ライン地区占領連合国陸軍に補職された。このポストは戦車や機械化部隊とは無縁の配置で、フラーの経歴や資質を無視した閑職である。つまり、彼は英国陸軍当局から実質的に干されたのだ。

旅団長在任期間、軍の中で孤立感を深めていたフラーは、保守・現状維持派の高級将校に見切りをつけた。彼は若手将校を対象として、1931年の『講義録・野外要務令第2部』と、翌32年の『講義録・野外要務令第3部』、すなわち〝幻の戦術書〟を刊行した。前者は歩兵旅団の若手将校の要請に応じて講義した内容を2週間でまとめ、後者はスイスの山荘で速記者に口述して書き取らせたものだ。

本書は結論めいたことを叙述した本ではなく、アイディアを提供する本に過ぎない。これらが、英国陸軍の幾人かの若き軍人たちの頭脳を刺激して、変化に対する柔軟性をもたらすのであれば、本書の目的は十分に達成されるといえよう。なぜならば、真に重要な対象者は、これから増えていく新世代の軍人たちだからだ。（フラー『機甲戦』）

これは『講義録』の序言に書かれた一節である。新時代を担う若き軍人の「頭脳を刺激」し「変化に対応する柔軟性」をもたらすことを目的とし、逆に、頭の硬直した守旧派への痛烈な一撃となっている。

第1次大戦に登場した新兵器——戦車と飛行機

第1次大戦は大規模な塹壕戦（ざんごうせん）となって戦線が膠着（こうちゃく）した。戦場の支配者は小銃・機関銃弾、円匙（えんぴ）（スコップ）、鉄条網の3点セットだった。「砲兵は耕し、歩兵は占領する」と言われたが、砲兵による大火力の集中と歩兵の白兵突撃も、この3点セットに拠（よ）る塹壕陣地を突破できなかった。

この膠着した塹壕戦を打開する決め手として期待されて登場したのは、新兵器の戦車だった。ドイツ軍の機関銃の猛射に耐え、敵陣を突破し、一気に勝負をつける決戦兵器として、イギリスで〝リトルウィリー〟が誕生した。英軍はこの秘密兵器をタンク（秘匿名称は水槽）と名づけた。

1916年9月、49両の〝ビッグウィリー〟が初めて実戦に参加した（ソンムの戦い）。このときの戦果は小さいものだったが、翌1917年11月、474両の戦車を戦線に集中投入し、奇襲効果により、敵陣突破に成功した（カンブレーの戦い）。結論的には、戦車は第1次大戦の決戦兵器にはならなかったが、次世代花形兵器の出現を予感させた。特にドイツ軍に与えた衝撃はすさまじいものだった。

第1次大戦当時の英空軍の主力戦闘機は、複葉機ソッピース・キャメルで、初飛行は1917年、大戦間に約5500機が生産された。飛行機の主たる任務は偵察だった。飛行機は戦車との連絡・通信、ドイツ軍戦車への爆弾投下、ドイツ軍部隊への機関銃射撃などによる戦闘協力も行なった。

1918年8月のアミアンの戦いで、空地協同作戦の萌芽（ほうが）が見られた。戦車軍団（第1・3・5戦車旅団）の戦闘に、英空軍第8飛行隊の戦闘機18機が上空から協力した。今日では常識となっている空地一体戦の先駆けだった。

上空の飛行機と地上の戦車が密接に協力するためには空・地間の連絡・通信が不可欠だ。発煙筒・発光による信号通信、無線通信、視合通信、メッセージの投下などが行なわれたが、まだまだ幼稚な段階だった。

第1次大戦末期、膠着した西部戦線を打開する戦争終結の切り札として、英戦車軍団参謀長フラー中佐が「1919年計画」を立案した。しかしながら、1918年11月に西部戦線の戦いが終わり、本計画は陽の目を見ることなく廃棄された。

提案した方法は、高速戦車で編成する戦車大隊を一気に投入することだ。戦車の大群が敵各級司令部に不意急襲的に殺到して、敵司令部を解体するかまたは四散させる。同時に、使用可能なあらゆる爆撃機で敵補給基地および交通センターを集中攻撃する。これらの作戦が成功してはじめて敵第一線部隊を通常の方法で攻撃する機が熟し、直接突破に訴え、最終的に追撃に移行する。（フラー『The conduct of war 1789-1951』）

本計画は、150〜160キロメートルの作戦正面のうち80キロメートルを攻撃正面と想定して、約5000両の戦車を投入するという壮大な構想だ。中核となるD型中戦車およそ2000両を1919年5月までに整備するという野心的な計画だ。

アイディアだけなら法螺(ほら)吹きに過ぎないが、正規の手続きを経て、実現に向けてスタートしたのだ。だが、1918年11月11日にコンピエーニュ近郊の森で休戦協定が締結されて第1次大戦が終わり、「軍事史上最大の不発の計画」となった。

この「1919年計画」は一般的な作戦計画ではない。むしろ軍隊の機械化を提唱する斬新な青写真、フラーの軍事思想を凝縮した啓蒙書、あるいは古典的戦争理論に対する革命的戦争理論の論文である。

原タイトルは「決定的攻撃目標としての戦略的麻痺化」で、後に「1919年計画」へと改題された。つまり、物理的破壊を目指すのではなく、神経的麻痺により敵の指揮系統を分断して、敵に降伏を強要するというものだ。

本計画の幹となるのは、①意識革命②D型中戦車の開発③戦車と飛行機が一体となった空地作戦――である。この画期的ともいえる戦術（戦い方）は、ドイツ軍司令部（頭脳）を攻撃して指揮系統を分断破壊するという頭脳麻痺戦である。

フラーの戦争観は「戦争の真の目的は平和であり、勝利ではない。敵を撃滅して、一方的にわが意志を強要してはいけない」という制限戦争だ。彼がこだわった制限戦争とは、ナポレオン戦争以前の中世の貴族戦争のイメージだった。

制限戦争は18世紀に達成された至高の業績の1つだった。それは貴族的な上質の文明の中でのみ繁茂する温室植物のようなもので、今日私たちはもはやそれを手にすることはできない。それはフランス革命により失われた宝物の1つである。(同前)

フラーの戦争観を具体化した頭脳麻痺戦

フラーは、フランス革命(1789年)により戦争の性格が激変して無制限の破壊を伴うようになった、と断じている。このような戦争観から「チャーチル英首相もルーズヴェルト米大統領も、ソ連首相スターリンと組んで、ドイツと日本を完膚なきまでに破壊し、その結果として、第2次大戦後の平和ではなく冷戦という新たな戦争を生み出した」と痛烈に批判している。

このようなフラーの戦争観を戦術・作戦レベルで具体化したものが〝頭脳麻痺戦〟だ。敵戦闘力の破壊はその指揮系統を破壊することにより達成でき、そのためには①徐々に衰弱させる(いつの間にか消耗させる)、②指揮系統を無効化する(組織と兵士を分断する)という2つの方法がある。

戦争には、敵兵士を殺害し、負傷させ、捕虜にして武装を解除するbody warfare（身体の戦闘）と、指揮系統を無効化するbrain warfare（頭脳の戦闘）がある。兵士個人にたとえれば、軽度の負傷を与えて最終的には死に至らすのが第1番目の方法、頭部を1発で撃ちぬくのが第2番目の方法である。（同前）

この〝頭脳麻痺戦〟というフラーの基本的な考え方は、「1919年計画」にも『講義録』にも一貫して貫かれている。

第1次大戦終了翌年の1919年11月、フラーは『TANKS IN THE GREAT WAR』という大著を刊行した。最終章「戦車の将来に対する展望」に、不発だった「1919年計画」を想起させるシーンが、戦場を1923年に想定して描写されている。

戦車集団が濃い煙幕あるいは夜陰にまぎれて前進を開始する。目標は敵防御部隊の主力ではなくその頭脳だ。攻撃目標は敵の歩兵や砲兵ではない。防御陣地や緊要地形でもない。戦車の大群はドイツ軍の頭脳である各級司令部に向かって殺到する。戦車の群は司令部の施設を襲い、撃破し、あるいは司令部を蹴散らす。かくしてドイツ軍の頭脳は麻痺する。その後、ドイツ軍防御部隊主力に対して攻撃を敢行する。

「1919年計画」の主役は戦車と飛行機だ。この組み合わせは後にドイツ軍の電撃戦として花開いた。フラーの理論は幻の戦術書『講義録・野外要務令第3部』として結実し、さらにソ連軍1936年版『赤軍野外教令』へと進化する。

「1919年計画」の先駆的なアイディアは、米陸軍が湾岸戦争の100時間地上戦でイラク軍を圧倒した戦い方に通底する。すなわち高速戦車を大量に投入し、空地が一体となって敵の司令部と補給中枢を撃破し、敵の指揮系統を麻痺させるという考え方は、現代版エアランド・バトルの源流である。

今日の第5の戦場と言われるサイバー空間での戦いは、フラーが100年前に提唱し、拘った〝頭脳麻痺戦〟の究極の姿と言えるかもしれない。

『講義録』は先見洞察の書

フラーは若手将校を対象とした講義の結論として「なにはさておき最も重要なことは、

駅馬車時代の戦争観を追い出すために、新思考を開拓することだ。こうすることにより、私たちは曇りがなく先入観にとらわれない目で、将来をしっかりと見つめることができる」と語っている。

あなたがコートを仕立てるとき、最初にどのようなコートが欲しいかというアイディアがあり、次にそのコートにふさわしい布地を買い求め、最後にその布地を裁断してコートに仕立てる、というのが常識でしょう。（『機甲戦』）

序言の一節である。フラーは『講義録』の性格を、メタファー（暗喩）を的確に使用して、簡潔に要約している。将来の陸軍像をコート（洋服の上衣）に譬（たと）えて、その在り方を具体的に述べている。「コート仕立て論」を、米軍の「エアランド・バトル・ドクトリン」を使用して現代風に置き換えてみよう。

冷戦最盛期、米陸軍は、中部欧州の予想戦場で侵攻するソ連軍戦車集団を撃破するために、空地一体の150キロメートルもの縦深攻撃を行なうという「エアランド・バトル・ドクトリン」を開発した。つまり、望ましいコートとして、新ドクトリンで戦える陸軍像を明確にしたのだ。

新ドクトリンが成り立つためには、新装備（M-1エイブラムス戦車、M-2/3ブラッドレー戦闘車、アパッチ攻撃ヘリなど）、新編成、人材（リーダー、兵士など）の育成などが不可欠となる。すなわち、コートにふさわしい布地を買い求めるということだ。

米陸軍は、ナショナル・トレーニング・センターを創設して、オプフォーと呼ばれる仮設敵部隊を相手に実戦的な訓練を積み重ねて、中部欧州の予想戦場でソ連軍を撃破できる部隊を作りあげた。最終的に布地を裁断して望ましいコートに仕立てた。

新生米陸軍が完成した暁（あかつき）にソ連邦が崩壊して、米陸軍は戦わずして冷戦に勝利した。この直後にイラク軍がクウェートに進攻して第1次湾岸戦争が起きた。サウジアラビアの要請により同国に展開した米陸軍は、最高レベルの近代軍として100時間の地上戦闘でイラク軍を完璧に撃破した。

フラーの時代認識――19世紀末期から20世紀初期頃――すなわちコート仕立て論の背景となった時代の様相は、『講義録』の第1章に余すところなく語られている。その一部を紹介しよう。

100年ぐらい前までは、あらゆる運動は筋肉で行なわれ、そしてそれは、鉄道による軍隊の輸送と補給を除いて、第1次大戦まで残っていた。無蓋貨車と自動車が出現すると、すぐさま戦略と戦術の修正が始まった。先ず、鉄道末端から戦場への補給が距離的に延び、またあらゆる方向に可能となり、大規模な砲兵戦を容易にしただけではなく、野戦築城をこれまで以上にはるかに強化することができるようになった。

ヨーロッパの道路がほとんど未整備だった時代は、馬が民間と軍隊の移動手段であり、この結果、大量の騎兵が存在した。道路が発達し農耕地が広がると、自動的に歩兵が軍隊の主力となった。そして今日は、工業が農業に代わって社会の主要部分を占めるようになり、軍隊の組織も、民間の原動力となっている機械に依存することが、もっともっと増えるであろう。

工業は機械化の基礎である。将来は機械化された国家だけが組織的な戦争を成功裏に行なうことができる。中世のように戦争が馬に依存していた時代は、馬の保有数が少ない国は馬を大量に供給できる国に対してほとんど抵抗できなかった。はるかに時間を隔てた現代は、装甲を生産できる国は生産できない国に比べるとすべてが強力である。だからこそ、今日では、産業および製造業が遅れている国が侵略に抵抗するためには、少数といえども機械化車両が現実的に重要となる。（いずれも『機甲戦』）

〝攻防一体〟という斬新な発想

戦術を知識として学ぶ際、通常、攻撃と防御を独立した行動として取り上げ、攻撃と防御を一体の行動として捉えることはまずない。歩兵主体の陣地戦であればこれで十分だが、機動戦・運動戦では攻撃と防御が瞬時に入れ替わることが常態だ。

作戦という中期的な視点で戦いを見ると、攻撃もあれば防御もあり、相手が手を挙げるまで戦いは続くというのが実態だ。フラーは「戦車部隊は、好機に乗じて根拠地から前方へ出撃し、また圧迫を受け撃破されるおそれがある場合は自主的に根拠地に撤収する」と言い切っている。

戦闘術（art of fighting）は攻撃と防御の緊密な連携から成り立ち、それは家屋が煉瓦（れんが）とモルタルから出来ているのと同じようなものだ。防御には戦闘の華々しさがなく、平和時には看過されがちである。とはいえ、矢には弓が不可欠であるように攻撃には防御を欠くことができない。

（中略）

機動戦の主眼は、攻撃を予期するときはいつでも最初に防御の諸要素に思いを致し、防御を予期するときは攻撃の諸要素に思いを致すべき、ということに尽きる。（同前）

私は陸自の教範で〝攻防一体〟という用語を見た記憶はない。フラーはこの〝攻防一体〟のことをoffensive-defensiveと表記している。機動戦を想定した斬新な発想で、まさに未来の戦闘様相を語るにふさわしい用語だ。

北アフリカ戦線のロンメル将軍の戦いはこれを地で行なっている。

1942年5月〜6月、ロンメルのアフリカ軍団は英軍の針鼠（はりねずみ）陣地への攻撃に失敗した後、多数の88ミリ高射砲を対戦車拠点として構成した応急防御地域（前進根拠地）に逃げ込んだ。この応急防御地域が有名な〝大釜〟だ。

機動戦に失敗したロンメルは、アフリカ軍団の再編成のため全力で円陣防御の態勢をとった。大釜は補給路が背後の英軍設置の地雷原で塞がれており、根拠地としての機能は必ずしも十分ではなかった。

ロンメル軍を〝大釜〟に追い込んだ英軍は、機動戦という感覚に乏しく、攻撃が鈍重となって勝利のチャンスを逸した。ロンメルは大釜の保持に成功し、燃料、弾薬、糧食、飲料水の補給を受け、最終的に攻撃に転じて英軍を撃破した。

フラーは、戦闘の目標は敵の攻撃と根拠地とを分断して攻撃部隊から根拠地を奪うこと、と明快に述べている。攻防いずれにおいても根拠地が不可欠ということだ。

〝根拠地の設定〟という堅実な発想

フラーは『講義録』でベース（根拠地）——部隊が生存するための拠点であり補給基地でもある——についてくり返し言及している。

中世の城砦の戦略的および戦術的な用法が、根拠地の正確なイメージを教えてくれる。城砦と根拠地の唯一の違いは、城砦は他の場所へ動かすことができないという点だ。戦闘間においては、根拠地を移動させることは先ず不可能で、前進根拠地としての役割を担うのが砲兵戦車で、その目的は第一線攻撃部隊の防護である。

フラーは「中世の騎士は城砦または荷馬車の車陣を根拠地とした。ジシュカのワゴン要塞は騎馬兵士を守る不可侵の拠点だった。（中略）機械化戦闘においてはジシュカに回帰することがもっとも有益」と強調している。

15世紀初頭、フス戦争を指導したボヘミアの将軍ジシュカは、新戦術（ワゴン要塞）を駆使して、当時主流だった騎士の突撃を完全に撃破した。ジシュカのワゴン要塞とは、戦闘時に多数の荷馬車――厚板製の銃眼付き胸壁を備えた農業用荷馬車――を連結して車陣を組んで応急的な野外要塞としたものをいう。

旧日本陸軍の『作戦要務令』も陸上自衛隊の『野外令』も、根拠地という発想を欠いている。理由は、『作戦要務令』も『野外令』も師団レベルの戦闘を想定しているために、攻撃と防御を独立した行動として捉えているからだ。

作戦レベルでの思索あるいは機動戦という認識を欠くと、〝攻防一体〟とか〝根拠地の設定〟という発想は出てこない。こういった意味でも、フラーの『講義録』は100年前の著作だが、単なる戦術レベルにとどまらず、作戦術をも含む新思考と言える。

フォークランド紛争でも根拠地の好例が見られた。

1982年5月21日、第3海兵旅団を基幹とする英軍部隊が東フォークランド島サン・

カルロスに上陸して根拠地を設定した。英軍はサン・カルロス付近の根拠地から首府スタンリー攻略に向かって出撃し、出撃部隊の後方支援を根拠地から行なった。

フォークランド諸島の気象条件のために、6月中旬から厳冬期に入り、状況によっては作戦を一時中断して冬営することを考慮しなければならない。この場合サン・カルロスの根拠地はまさに地上作戦部隊の避難地になる。

フラーの重要な著作『講義録』が日本語に翻訳されていないのは痛恨の極みであるが、本稿の終わりにフラーの提言を1つ紹介する。

「私たちが今日普遍妥当と信じている多くのことに疑問を投げかけ、解決しなければならない新しい課題を先送りせずに設定して、それが正しいのか間違っているのか、あるいは何が適切で何が不適切なのかを検証すべきだ。それが進歩改善へとつながる」と平時における心構えを示している。平時に惰眠(だみん)をむさぼり、有事になってあたふたしても間に合わないことは、古今東西に共通する教訓だ。

7 米陸軍ドクトリン参考書『オペレーションズ』(ADRP 3-0『OPERATIONS』)

オペレーショナル・アートという概念

オペレーショナル・アート（以下作戦術と略称）は19世紀の早い時期からヨーロッパでは軍事理論の一部となっていた。だが、米陸軍が作戦術という戦術の上位概念を正式に採用したのは、20世紀後半、中部欧州でソ連軍と対峙していた冷戦最盛期だった。

米陸軍が戦術レベルの拡大解釈では複雑多岐な作戦環境に対応できないと痛感したのは、軍事バランスが東側に傾き、西ヨーロッパがソ連軍に蹂躙（じゅうりん）されるとの危機感を抱いたからだ。この危機感が米陸軍に作戦レベルを採用させる引き金となった。

米陸軍は1982年版『オペレーションズ』で、戦争のレベルを戦略レベル、作戦レベル、戦術レベルの3段階に区分した。この区分はそれぞれの特性を際立たせて理解を容易にするためのもので、現実には明確な線引きは困難である。

戦略レベル……国家指導者が外交、情報、軍事、経済などの国家資源を運用して国家目標を達成する段階。

作戦レベル……軍事力の戦術的運用と国家目標・軍事目標とをリンクさせる段階、つまり戦役（キャンペーン）を計画・実施する段階だ。このレベルでは、統合部隊指揮官（軍団長を含む）が作戦術を用いて、どのようにして軍事目標を達成するかを決断する。

戦術レベル……旅団戦闘チームなどの各戦術部隊が付与された目標を達成するために、戦術のアートとサイエンスを用いて計画し、準備し、実行する段階。

米陸軍は、必勝戦略として、150キロメートルもの縦深攻撃（ディープ・アタック）でソ連軍の撃破を狙った「エアランド・バトル」を創造し、1982年版『オペレーションズ』でドクトリンとして導入した。

新ドクトリンはソ連軍の第2・第3梯隊（ていたい）をいかにして撃破するかを追求したもので、従来の作戦が規定していた狭い戦術的な範囲とレベルを大きく超えている。梯隊とは第二波などの集団のことで、旧ドクトリンでは師団長レベルの戦術的視野で十分だったが、ディープ・アタックでは軍団長レベルの視野で戦場全体を俯瞰（ふかん）しなければならない。

未だ視野に入っていない敵の梯隊を見つけて撃破するためには、より高所からの視座が必要だ。時間的・空間的には、縦隊で攻撃する敵3個梯隊は150キロメートルの縦深にわたって地上を占領し、接触点に近づくまでには3日間を要する。縦深攻撃には空軍との統合作戦が不可欠である。

米陸軍指揮幕僚大学は、作戦レベルを教育する具体策として、1981年に大学院に相当する高等軍事研究院（SAMS）を新設した。コンセプトは、指揮幕僚コース（CGSC）1年修了者から50人程度の学生を選抜して、作戦術に関するあらゆる分野の問題に対応できる教育を提供することだ。

選抜された学生は、戦史の読破、コンピューター・ウォー・ゲームの実施、広範囲の論文の作成などの集中講座により作戦術を精力的に研究し、教場では同僚や教官をまじえて徹底的な討議を行なった。1983年6月に始まった1年間の高等軍事研究課程（AMSP）は、きわめて知的でハードなプログラムだった。

湾岸戦争（1990年8月〜91年4月）が始まる頃までに、SAMS卒業生は米陸軍のベスト幕僚将校との評判を得ていた。彼らは作戦部の計画幕僚として配置され、湾岸戦争勝利に貢献した戦略計画・作戦計画の構想、開発、ならびにその実行に深く関与した。

作戦術を構成する要素

本項では、作戦術を具体的に述べた米陸軍ドクトリン参考書「ADRP 3-0」(以下『ADRP』と略称)を取り上げる。『ADRP』はドクトリンの説明書で、全軍人を対象として、ドクトリンの基本的な理解を容易にすることが目的だ。また訓練・教育システムの履修課目のための基盤でもある。

『ADRP』は2017年10月に改訂発刊された82ページの冊子だ。内容は「軍事作戦」「作戦術」「陸軍の作戦コンセプト」「作戦の構成」「戦闘力」で構成され、統合作戦の中における陸軍の作戦がメイン・テーマだ。本項では第2章 - 作戦術(オペレーショナル・アート)に記述されている10項目の〝作戦術を構成する要素〟を取り上げる。

作戦術を構成する要素は「作戦終了の状況と条件」「作戦の重心」「死命を制する要点」「作戦線と努力線」「作戦のテンポ」「作戦段階と作戦の転移」「戦力転換点」「作戦範囲(攻勢終末点)」「根拠地の設定」「敢えてリスクをとる」である。

軍団長と彼を補佐する幕僚は、これら一式の知的道具(インテレクチュアル・ツール)を活用して作戦環境を理解し、作戦を構想し、そして作戦の終わり方を具体的に描く、つまり作戦の大枠を決めるということだ。

① 作戦終了の状況と条件（End State and Conditions）

作戦終了の状況は、その時点で指揮官が思い描いていた一連の望ましい条件が成立していることだ。指揮官は計画策定の指針として作戦終了の状況を明瞭に示す。作戦終了の状況を明らかにすることで努力の統一、統合の強化、同時性、節度ある独断を促進し、また各種リスクを軽減できる。

陸軍の作戦は、ひとつの特徴として、非軍事的条件の確立へも通底する軍事的終了状況の達成に焦点を当てる。各級指揮官はすべての作戦で作戦終了の状況・条件を明瞭に記述する。作戦終了の状況・条件が不明瞭であると、指揮下部隊に付与する任務が曖昧となり、作戦自体の焦点がぼやける。

作戦を成功させる指揮官は、明確に定義された、疑義のない、かつ達成可能な作戦終了の状況を作戦目標として設定し、この目標に向けてあらゆる行動を指向させる。作戦終了の状況（end state）は、状況判断プロセスの任務分析の結論（5W）であり、作戦目標である。また本条項は〝戦いの原則〟の「目標」の具現化でもある。任務分析については第3章の状況判断を参照されたい。

② 作戦の重心（Center of Gravity）

重心は軍隊の物心両面の戦力、行動の自由、行動を起こす意志の動力源である。軍隊が重心を失うと敗北という決定的な結果が待っている。重心の考察は作戦計画を策定するために死活的に重要であり、これによって敵の強さの源泉と弱点が何であるかに焦点が当たり、かつそれを特定できる。

指揮官は、作戦環境を完全に理解し、敵がいかに編成し、戦闘し、意思決定するかを理解することによって敵の重心を特定でき、そしてこの重心に目標を指向することができる。こうすることにより、計画策定者は重心、関連する「死命を制する要点」、および望ましい「作戦終了の状況」への最適な道筋を描くことができる。

③ 死命を制する要点（Decisive Points）

死命を制する要点は「作戦の重心」と同一ではなく、敵が重心を防護するために相当数の資源を投入せざるを得ないような、地理的な場所（港湾／空港施設、流通網と分岐点、作戦根拠地など）、および敵部隊の特異な事象・因子・機能（作戦予備部隊を投入することや重要な石油精製施設の再開）をいう。

死命を制する要点に共通する特性は、重心に対して大きな影響力があることだ。本要点は、重心を攻撃するかまたは防護するための要（かなめ）であり、重心と一体化したシステムの部分を構成している。

死命を制する要点は作戦および戦術レベルの両者に適用できる。われがこれを制すると、主導性を確保・維持・拡張して任務の達成が容易になる。逆に敵がこれを支配すると、わが方の攻撃衝力が頓挫（とんざ）し、早期に戦力転換点に達し、敵の反撃を許すことにつながる。

④ 作戦線と努力線（Lines of Operations and Lines of Effort）

作戦線は、敵との関連で時間と空間における部隊の動線であり、部隊と作戦根拠地と目標とを連結するラインである。作戦線は地理的な目標すなわち部隊が向かう目標を統制できる一連の死命を制する要点を連結する。作戦線には内線（インナーライン）と外線（アウターライン）がある。（内線作戦と外線作戦は④『戦理入門』を参照）

努力線は目的論からアプローチする複数の任務との関連性が強く、地理的な関係というよりは、むしろ作戦終了の望ましい状況・条件を確立することがねらいだ。

指揮官は、安定・民生支援任務の遂行に際して、努力線を多用する。努力線は、地理的な位置と敵または適性勢力がほとんど連動しない、または一致しない場合に、長期計画を策定するために特に重要だ。

作戦線と努力線の結合により、長期計画の中での安定または民生支援任務を包含できる。この結合によって、作戦の転移に向けて、獲得した成果を確固たるものとし、作戦終了の条件を設定することができる。

⑤ 作戦のテンポ（Tempo）

作戦のテンポとは、作戦間の一貫した敵部隊との相対スピードとリズムのことである。テンポは軍事行動の進展に直接影響する。テンポをコントロールすることにより、戦闘間において主導権を維持し、あるいは人的危機に際しても速やかに平常心を取り戻すことができる。

指揮官は、通常、戦闘間は敵に勝る（まさる）ハイ・テンポの維持に努める。敏速なテンポは敵の反撃能力を封止し、また作戦以外の行動に際しても、素早く動くことによって、事象をコントロールでき、情勢が敵側に有利に傾くことを拒否できる。

作戦間におけるテンポのコントロールのための着意は次の3点だ。第1点、作戦を同時・継続的に実施できるように、相互に補完し増援できる計画を策定する。第2点、不用な戦闘を避ける。このために、敵の抵抗をやり過ごし、不急ではない場所は回避する。第3点、ミッション・コマンドにより、指揮下部隊の独断と独立的な行動を助長する。ミッション・コマンドとは任務の付与による自主積極的な行動を促す指揮法のこと。

効果的な作戦構想は、状況に応じたスピードと衝撃力を維持して作戦の持続性を増大させるために、作戦の間一貫してテンポに緩急をつけて変化させ、スピードよりテンポを優先させる。指揮官は、スピードが発揮できそうな場面でも、作戦の持続性と作戦範囲の効果を優先して、スピードを変化させる。本条項は、主動権を奪い、維持し、そして拡大せよ、という戦いの原則の〝攻勢〟を具体化したものである。

⑥ 作戦段階と作戦の転移 (Phasing and Transitions)

作戦段階は作戦を期間または行動で区分するための、計画策定および作戦実行上の手法である。段階が変化することは、一般的に、任務、部隊区分(配属関係を律すること)、または交戦規定が変わることを意味する。

作戦段階を区分することによって、計画策定および統制の実施が容易になる。作戦段階の区分は時間、距離、地形、あるいは事象で明示する。同時性、縦深性、テンポの3点は、あらゆる作戦に欠くことができない。とはいえ、部隊はいつでもこれらを達成できるわけではなく、このような場合は、同時に対応できる目標と〝死命を制する要点〟の数を制限しなければならない。

作戦の転移は、作戦段階が次の段階に移る間に、あるいは作戦と支作戦の実施間に、焦点を変更させることである。攻撃、防御、安定、および民生支援任務の優先順位の変更も作戦の転移の範疇(はんちゅう)だ。部隊は、作戦転移間においては、交戦規定が異なることを理解してそれに従う必要がある。

作戦の転移には実行前の周到な計画と準備が不可欠で、そうすることにより、部隊は攻撃衝力と作戦のテンポを維持することができる。作戦の転移間は部隊が脆弱(ぜいじゃく)な状態となり、その実行にあたっては明確な条件の確立が必須だ。

⑦ 戦力転換点（Culmination）

戦闘力は攻撃、防御いずれの場合でも戦闘行動を続けていると戦力転換点に達し、兵員の損失、補給の不足、疲労困憊(こんぱい)、敵兵力の増援などが原因で各個撃破される危機に直面することがあり得る。

戦力転換点は、部隊がもはやこれ以上攻撃あるいは防御を遂行できない、という時点だ。戦力転換点は相対戦闘力の劇的な転換を意味し、戦争の各レベルにおいて起きる。攻撃に任ずる部隊が、攻撃を続行できなくなって防御に転移するかまたは作戦を中止する場合に、また防御中の部隊が、もはや敵の攻撃に耐えられなくなって撤退するかまたは被撃破を余儀なくされる場合に、戦力転換点が起きる。

戦力転換点は計画上予測できる事象だ。作戦部隊のどの部分が戦力転換点に達するかを想定し、その場合でも任務を継続できるように、部隊区分に追加部隊（予備隊）を含める。戦力転換点に達した以降も作戦を継続するために、増援部隊を投入するか、または戦術単位の部隊を再編成する。

安定任務に従事する場合、戦力転換点を見極めるのはより困難だ。部隊が過広に展開して自らの安全を確保できなくなった場合、および部隊が作戦の終了状況を達成するために不可欠な資源を欠く場合に、戦力転換点が起きる。
民生支援を行なう場合、もし部隊が同時に対応できる能力以上の大惨事に対処せざるを得ないときに、戦力転換点が起きることがある。

⑧作戦の範囲＝攻勢終末点（Operational Reach）

作戦範囲は動物をつなぎとめる鎖（tether）であり、情報、防護、戦闘力維持、持続力、相対戦闘力がそれぞれの機能を発揮できる範囲のことだ。部隊の作戦範囲の限界がすなわち戦力転換点ということになる。

作戦範囲は、戦闘部隊をいつでもどのような場所でも運用できる持続力、敵の抵抗に対して戦闘部隊を主導的にかつ速いテンポで反復打撃できる衝撃力、敵の行動や環境から戦闘部隊の安全が確保できる防護力の3つのバランスがとれる範囲のことだ。指揮官および幕僚は、戦闘部隊が戦力転換点に達する前に確実に任務を達成できるように、可能な限り遠方まで作戦範囲を伸ばす。

持続力は、根拠地からの距離と環境の厳しさにもかかわらず、部隊を編成し、防護し、維持できる能力から発生する。持続力には、戦況上の諸要求を先見洞察して、使用可能な資源を最も効果的・効率的に使用することが含まれる。

衝撃力は、イニシアティブを発揮して、敵の抵抗を圧倒撃破するハイ・テンポの行動に由来する。指揮官は、攻撃、防御、安定、民生支援のいかなる組み合わせにおいても、先見洞察と迅速な作戦の転移により、衝撃力を維持する。

防護力は作戦範囲に不可欠の立役者だ。指揮官は、敵の行動と環境がどのように作戦を妨害するかを先見洞察して、作戦範囲を維持するために必要な防護能力を判断する。

指揮官および幕僚は、友軍と敵の現状、ならびに民事考慮事項を分析し、戦力転換点および獲得した成果を洞察して、必要な場合は作戦中止を計画する。

⑨ 根拠地の設定（Basing）

海外に設定される根拠地は恒久的な基地・施設と非恒久的なベース・キャンプの2つのカテゴリーに区分される。作戦は根拠地を足場として開始し、また根拠地から支援を受ける。根拠地は、通常、合衆国との長期間契約と地位協定に基づいて、ホスト・ネーション国内に設定される。

ベース・キャンプには、展開部隊の軍事作戦を支援し維持するために必要な、サポートとサービスを実施する軍事施設を含む。非恒久的なベース・キャンプは、所要に応じて恒久的な基地に昇格させる。

基地またはベース・キャンプを、特定の目的――中間根拠地、兵站根拠地、または臨時ベース・キャンプ――の拠点として使用することがあり、また基地やベース・キャンプに複数の機能をもたせることがある。

陸軍部隊は、作戦の遂行に必要となる中間根拠地、臨時ベース・キャンプ、前進根拠地などを開設してこれらを機能させるために、既設の基地とベース・キャンプに大きく依存する。これら中間根拠地などを活用して陸上戦力の展開と使用を同時に行ない、縦深のある作戦が可能になる。

中間根拠地などを開設することにより、部隊展開のための戦略的な拠点を確保し維持することができ、そして作戦を時間的に空間的に拡大できるだけの「作戦範囲／攻勢終末点」の確保が可能になる。

⑩ 敢えてリスクをとる（**Risk**）

リスクは危険状態へと至る損害の可能性であり重大性のことである。あらゆる軍事行動にはリスク、状況の不明、およびチャンス（好機）がつきものだ。指揮官がリスクを許容するとき、自らの手で主導権をつかみ、保持し、拡張する機会が作為でき、結果として決定的な戦果を獲得することができる。

敢えてリスクをとろうとする意志は、しばしば、敵にとっては想定を超える（見積もりを超える）行動となり、敵の弱点をあぶり出すカギとなる。しかしながら、リスクを真に理解するためには、幕僚による正確な見積もりと大胆さ・想像力に裏付けられた〝根拠ある仮説〟が不可欠である。

不適切な計画・準備不足による実行と、情報・準備の完全性を追求するあまりの実行の遅延は、部隊にリスクを負わせることになる。適切な評価と意図的なリスクの許容は作戦遂行の基本であり、ミッション・コマンドにとって重要だ。経験豊富な指揮官は、大胆不敵とリスク・不確実性に対する想像力のバランスをとり、敵部隊の想定の範囲を超える時期的、場所的、および手法で、敵を打撃する。

作戦を成功させるためには、リスクと摩擦（フリクション）と好機（チャンス）の不確実性のバランスをとることが重要だ。作戦計画・命令は、各級指揮官が、激烈で激動する戦場において、主導性を発揮して好機をものにできるように、柔軟性のあるものでなければならない。

「重心」「死命を制する要点」「攻勢終末点」「戦力転換点」「敢えてリスクをとる」などは、クラウゼヴィッツの『戦争論』に由来する。米陸軍は、1973年のベトナムからの完全撤退後、「ベトナム戦争になぜ負けたのか?」という研究を徹底して行なった。この一環として、米陸軍戦略大学校で、古典の『孫子』と『戦争論』を取り上げ、その成果が作戦術を構成する要素にも反映されている。

これら10項目の「作戦術を構成する要素」は、あらためて、私たち日本人の地理的・時間的な視程・視野の短小・狭小を思い起こさせる。このことは旧軍の『作戦要務令』も陸自の『野外令』も例外ではない。他山(たざん)の石と言うのは簡単だが、実行するのは容易ではない。だが、いつまでも放置してよい問題ではない。

第1章で取り上げた④『戦理入門』が「攻勢終末点」と「戦力転換点」を記述していることは注目されるが、陸自の戦術理念としては未消化といえる。陸自も現代の潮流である〝作戦術〟を早急に導入して、基本的な理念として普及すべきである、とあらためて痛感する。

8 デイヴィッド・M・グランツ『ソ連軍〈作戦術〉縦深会戦の追求』

縦深作戦理論とは何か？

デイヴィッド・M・グランツ『ソ連軍〈作戦術〉縦深会戦の追求』は、ソ連軍作戦術の特質・枠組み・形成・成熟、将来の見通しなど、ソ連軍作戦術の生成と発展の全体像をまとめた著作である。今日のロシア軍を含めたソ連軍の戦い方のコンセプトを知るための好著でもある。

原書は、米陸軍・ソ連地上軍研究所が主宰した、ソ連の軍事に関する一連の詳細な研究をまとめた報告書で、1991年に出版された。著者のグランツ大佐は、長年ソ連軍の軍事作戦の調査研究に携(たずさ)わった、ソ連軍作戦術研究の第一人者だ。

ソ連軍は、第1次大戦と内戦で、作戦が数千キロメートルにおよび数百万人の兵士がかかわった経験から、軍事戦略と個々の会戦を含む戦術とは全く異なる戦争の中間レベルとして作戦に注目するようになった。

戦略と戦術という旧来の用語では、高度化し規模が拡大した近代戦争の準備と遂行の複雑さを説明できなくなったのだ。このような背景があって、ソ連軍は1920年代の早い時期から作戦レベルの研究に着手し、各国の軍隊に先駆けて作戦術を採用した。

ソ連赤軍のドクトリンとして今日なお影響力のある「縦深作戦理論（縦深突破理論）」を構想し具体化したのは、赤いナポレオンと呼ばれたトハチェフスキー将軍である。

縦深作戦理論は一朝一夕に成ったものではない。第1次大戦（1914～18年）およびソビエト－ポーランド戦争（1920年代）以降、赤軍の機械化・近代化の動きがあり、トハチェフスキーが理論・編成・装備・訓練などを全面的に主導した。

ソ連赤軍は1930年に縦深作戦理論を公式に採用し、同年5月に機械化旅団を、翌1932年に機械化軍団を編成した。さらに1933年2月に『縦深会戦の組織化に関する暫定指令』で縦深会戦のコンセプトを正式に承認した。

1936年、赤軍はベラルーシ、およびモスクワ軍管区で大規模な演習を実施した。注目点は、空地部隊――落下傘部隊、選抜された空輸軽装甲部隊――を敵後方地域に降着させて敵予備隊を拘束し、地上部隊による完全な包囲を試みたことだ。この演習は、トハチェフスキーの縦深作戦理論が既に実戦の段階に達していたことを示している。

一九三〇年代におけるソ連のミリタリー・サイエンスの最も重要な側面は、縦深会戦コンセプトの完全な発展と縦深作戦コンセプトの出現であった。（中略）縦深作戦理論は、一九二〇年代末に、トゥハチェフスキー、トリアンダフィーロフおよびイェゴロフらの理論によって定式化された縦深会戦理論から発展したもので、彼らは、新たな兵器（長距離砲兵、戦車および航空機）や（戦車、空中突撃および機械化）各部隊が出現すれば、より機動的な戦闘形態が可能となり、戦術防御を突破する際の問題を緩和すると結論した。（デイヴィッド・M・グランツ『ソ連軍〈作戦術〉縦深会戦の追求』）

トハチェフスキーとA・I・イェゴロフの監督下で作成された1936年版『赤軍野外教令』によって、ソ連の作戦術は、少なくとも理論的には、完全に定義された。戦争の作戦レベルは、ソ連のミリタリー・サイエンスの明確な要素となった。

トハチェフスキーは兵器総監、参謀総長など赤軍中枢の要職を歴任して赤軍の機械化・近代化を大車輪で進め、1935年に赤軍元帥に叙（じょ）されている。だが、ソ連赤軍の大功労者であるトハチェフスキー元帥は、1937年に始まったスターリンの大規模な粛清（しゅくせい）により逮捕されて処刑された。

粛清による影響はきわめて甚大で、犠牲者は全体で3万5000人を数え、この数は将校団の約半数だった。この粛清で将官の90パーセント、大佐の80パーセントが失われ、赤軍と海軍は「最も経験豊富で、知識豊富な幹部と、最も有能で高い能力のある軍指導者」を奪われたのだ。

1941年6月22日、ナチス・ドイツは、突如、大規模な攻勢を開始した（バルバロッサ作戦）。ソ連軍は全正面で成す術（すべ）もなく敗退を重ね、1941年秋から冬にかけて、モスクワ周辺でかろうじて踏みとどまった。1942年には戦線はスターリングラードにまで及んだが、ソ連軍は同年末の「11月攻勢」で形勢を逆転して主導権を奪回した。

著者のグランツ大佐は、ソ連軍は1941年から42年は初等教育の段階だったが、43年に中等教育のレベルに進歩したソ連軍は、44年と45年に大学および大学院の戦争遂行研究レベルに到達した、と解説している。この間、トハチェフスキーの名が表出することはなかったが、教育の中心命題は〝縦深作戦理論〟だった。

機甲戦理論の到達点『赤軍野外教令』

私の手許に、旧陸軍将校・准士官の親睦組織だった偕行社(かいこうしゃ)が、昭和12(1937)年7月に偕行社特報として発刊した、部外秘『千九百三十六年發布　赤軍野外教令』(複写印刷版)がある。(原本は、靖国神社境内にある靖国偕行文庫で閲覧できる)

序に「本教令ハ隣邦軍戦術研究上極メテ重要ナル文献ナリト認メ、茲(ここ)ニ特報トシテ全軍将校ニ頒布スルコトトセリ」とあるように、1936年版『赤軍野外教令』の重要性を認めている。発布の翌年に日本語で出版するという異例の速さだが、この重要文献が陸軍内で広く読まれた形跡はない。

昭和12年と言えば、ノモンハン事件の2年前だ。参謀本部作戦課や関東軍作戦課が本書に着目し、ソ連軍の縦深作戦理論を真剣に研究していたならば、おそらくノモンハン事件のような暴走は起こらなかったであろう。

『赤軍野外教令』は13章、385項目で構成された、B5判200ページ余(翻訳された偕行社特報)の教義書だ。同書には全縦深同時打撃、包囲殲滅戦、火力重視、装甲機動力の発揮、空地協同など近代的機甲戦の全体像が描かれている。「1919年計画」およびフラーやリデル・ハートが提唱した機甲戦理論の到達点である。

現代戦は、畢竟、その大部分が火力戦闘である。したがって、赤軍幹部および赤兵は現代の火器威力に関する認識を深め、火力の使用ならびにその制圧手段に習熟しなければならない。火器威力の破壊的性質を無視し、かつこの克服手段を弁（わきま）えないものは無益の損害を蒙（こうむ）るであろう。（『赤軍野外教令』）

現代戦に大規模に使用される制圧資材とくに戦車、砲兵、飛行機および機械化挺身隊の進歩は、敵を孤立させこれを捕捉殲滅するため、敵戦闘部署の全縦深に同時に攻撃を加えることを可能にした。包囲は以下のようにして達成される。

イ、敵の一翼または両翼を迂回しその側面および背面を攻撃する。

ロ、敵の後方に戦車および車載歩兵を投入して敵主力の退路を遮断する。

ハ、飛行機、機械化部隊および騎兵をもって敵の退却縦隊を襲撃して敵の退却を阻止する。（同前）

防御力は、畢竟、最高度に火力を発揚し、最も有効に地形、技術および化学資材を利

用することに帰着する。(同前)

『千九百三十六年發布　赤軍野外教令』は時宜に適した資料だったが、情報に無関心な組織には猫に小判だった。1936年版『赤軍野外教令』を無視した日本軍は、のちにノモンハンと満州(当時)で、ソ連軍から痛撃をくらった。

1939年8月20日、ソ連軍はノモンハンの8月攻勢で縦深作戦理論を実戦の場で試した。広正面防御(約37キロメートル)の日本軍に対して、ソ連軍は74キロメートルの全正面から両翼包囲による一大攻勢を発起するという教令通りの殲滅戦だった。

1945年8月9日未明、ソ連軍(80個師団超、兵員約150万人、大砲26000門、戦車・装甲車5600両)が、中立条約を一方的に破棄して、4400キロメートルの満州の広正面から同時に奇襲侵攻した。

ソ連軍は、国境の後方20〜80キロメートルの集結地から接敵行軍により国境を越え、各突進部隊は停止することなく前進軸に沿って突進、約1週間で約500〜950キロメートルの長距離を突破して、日本軍(関東軍)を完璧に圧倒した。

かつてのソ連軍も今日のロシア軍も、軍隊のスケールがあまりにも巨大で、すっきりと頭に入らない。少なくとも戦術的視点ではなく作戦術のレベルで彼らを見直す必要がある。そういった意味から『ソ連軍〈作戦術〉縦深会戦の追求』は力作であると思う。

第3章

状況判断

意思決定のプログラム化の試み

戦闘はお互いに自由意志を持つ指揮官同士の衝突だ。指揮官は、摩擦（フリクション）と霧（フォッグ）が不可避の戦場で、常に決断を迫られる。ハイレベルの創造性を発揮し、意志を貫徹して、あらゆる好機を看破して勝利を追求しなければならない。指揮官がベストの決断に至る一連のステップが状況判断である。

指揮官は幕僚の補佐を受けて状況判断するが、幕僚は決断だけは補佐できない。決断できるのは指揮官ただ1人である。意思決定は暗黙知の部分が大半で、意思決定を形式知に変換して、誰でも学べるようにしようという試（こころ）みが19世紀以降続いている。

状況判断プロセスの形式知化への試みはアントワーヌ・アンリ・ジョミニの『戦争概論』を嚆矢（こうし）とする。米陸軍は『戦争概論』を野外教令『オペレーションズ』へと進化させ、この中で今日の〝状況判断プロセス（MDMP）〟が確立された。（詳細は1『戦争概論』を参照）

ノーベル経済学賞受賞者のハーバート・A・サイモンは、軍隊の状況判断と情報活動を参考にして意思決定理論を組み立てた。サイモンは、意思決定は適当な思考訓練によって改善できる、すなわちプログラム化できると考えたのだ。

我々は意思決定のため、むしろ一般化された処理手続をつくり出すことさえできるのである。軍隊の「状況判断(Estimate of the Situation)」——軍事的な決定問題を分析するに際し考慮すべき事柄のチェックリスト——は、そのような処理手続の一例である。(ハーバート・A・サイモン『意思決定の科学』)

軍隊もまたサイモン理論の研究成果を積極的に採用した。欧米では、軍隊に蓄積されているさまざまな英知がマネジメント理論や企業経営などに積極的に活かされ、広く社会一般に受容されている。

意思決定は暗黙知に属するアートの分野とみなされるが、米陸軍の状況判断プロセス(MDMP)は意思決定のプログラム化で、教育訓練を受ければ誰でも参加することができる。つまり、アートといわれた意思決定をサイエンスに昇華させたもので、問題解決法として利用できる汎用的な手法だ。

本章では、米陸軍の野外教令FM6-0『Commander and Staff Organization and Operations』(『指揮官および幕僚の業務提要』と翻訳)を取り上げる。

9 米陸軍野外教令『指揮官および幕僚の業務提要』

指揮官および幕僚の業務心得

野外教令の原題は「Commander and Staff Organization and Operations」である。旧版の「Commander and Staff Officer Guide」を改訂したものだ。理論・考え方や実際の指導方法を網羅的にまとめた基本書という意味から、あえて『指揮官および幕僚の業務提要』（以下『提要』と略称）という固い用語に翻訳する。

『提要』は、指揮官と幕僚が心得ておくべき、米陸軍の哲学であり戦闘機能でもあるミッション・コマンドに関連する多くの要務（タクティクス）と活動の手順（プロシージャ）を明示している。『提要』の構成・体裁は16個の章と4個の付録から成る。煩雑のきらいはあるが、『提要』の各章と付録は次のようになっている。

第1章……指揮所の編成と活動

第2章……幕僚の職務と責任
第3章……知識管理および情報管理
第4章……問題解決
第5章……幕僚見積・研究
第6章……ディシジョン・ペイパー（幕僚活動の準拠となる指針）
第7章……ブリーフィング（情勢報告、決定事項の報告、任務遂行状況の報告、幕僚報告）
第8章……継続的な見積
第9章……状況判断プロセス（MDMP）
第10章……中隊指揮手順（TLP）
第11章……欺騙（ぎへん）行動
第12章……各種予行（リハーサル）
第13章……連絡将校および連絡班。作戦・戦闘には部隊間の相互理解と団結が不可欠で、意思疎通のために連絡将校（LNO：師団には少佐、旅団には大尉など）を派遣する。
第14章……作戦実施中の状況判断

第15章……評価計画
第16章……作戦終了後の反省（レビュー）および報告（レポート）。レビューの結論（教訓、最適の行動）を文書として報告する。

付録A……作戦分析および任務分析。作戦分析は作戦環境を総合的に理解するための基礎であり、任務分析は行動方針を案出するための基礎である。

付録B……指揮および支援の関係。指揮関係には隷属、指定配置、配属、作戦統制、戦術統制があり、支援関係には直接支援、増援、全般支援／増援、全般支援がある。

付録C……計画および命令のフォーマット。計画には戦役計画、作戦計画、支援計画、臨時編成（支隊）、部隊交代があり、命令には作戦命令、各別命令、準備命令がある。

付録D……別紙のフォーマット。別紙は作戦計画に添付され、A「部隊区分」、B「情報」、C「火力」のようにAからZまで具体的に定められている。


作戦・戦闘は、指揮官が状況判断を経て決断し、幕僚が作戦計画・作戦命令を作成し、指揮下部隊に示達して、具体的に動き出す。この一連の活動──前・中・後──に必要なことが『提要』に網羅されている。

以降、本章の趣旨である状況判断──軍事的決断のプログラム化──にしぼって、主として第9章（状況判断プロセス・MDMP）、第10章（中隊指揮手順・TLP）、および第14章（作戦実施中の状況判断）を取り上げる。

状況判断プロセス

第9章で記述されている「状況判断プロセス」（ミリタリー・ディシジョンメイキング・プロセス、以下MDMPと略称）は、幕僚の配置がある大隊以上の司令部・本部の幕僚活動を想定した教育訓練上のモデルだ。旅団の場合、副旅団長（XO）の統制下で、旅団本部の全幕僚が参加する幕僚活動である。とはいえ、状況判断プロセスの最重要プレーヤーは旅団長であり、幕僚活動はあくまで旅団長の指針（ガイドライン）と時間軸（タイムライン）に沿って行なう。

状況判断プロセスは状況および任務を理解し、行動方針を案出し、そして作戦計画または作戦命令を策定するための反復型計画手法である。リーダーは、状況判断プロセスに参加することによって、完全性、明確性、判断の健全性、論理性、専門知識といったことがらを、状況の理解、問題解決のための選択肢の案出、そして決断への到達に適用することができる。本プロセスにより、指揮官、幕僚、およびその他は、計画策定の終始を通じて批判的かつ創造的に思索できる。（米軍野外教令『提要』）

指揮官の独善、教条主義、私利私欲、空気に流されるなどの非論理的行為は、決断をゆがめる最たるものだ。米陸軍は状況判断プロセス（ＭＤＭＰ）を形式知化し、教育訓練を受ければ誰でも本プロセスに参加できるようにした。

この結果、決断の過程がより透明になり、最初に結論ありき、客観性無視やデータ無視といった指揮官の暴走や恣意的判断をストップできるようになった。米陸軍は、各種学校の課程教育で状況判断の基礎を教育し、司令部・部隊本部でこれを練成し、誰もが状況判断プロセスに習熟できるようにしている。

冒頭で述べたように、状況判断プロセスには、ジョミニに端を発するという歴史的な経緯がある。米陸軍は南北戦争以降の各戦争への参加、サイモン理論の採用などを通じて、

状況判断プロセス
The Military Decision-making Process

	任務の受領
ステップ 1	●上級司令部から計画、命令、又は新しい任務として示される ●時間配分の決定（指揮官・幕僚1／3、指揮下部隊2／3） ●指揮官の当初の指針
	任務分析（METT-TC）
ステップ 2	●状況、問題を理解し、誰が、何を、いつ、どこで、なぜを確定する。**（5Wの確定）** ●情報要求を明らかにし、計画策定の指針、準備命令の発出
	行動方針の案出
ステップ 3	●複数の行動方針を列挙する。この際、指揮官の直接関与が望ましい（**1Hの案出**） ●各行動方針のブリーフィングを実施。最新の情報見積、敵の可能行動などが含まれる
	ウォー・ゲームの実施
ステップ 4	●副旅団長（XO）が主催し、情報幕僚が敵の指揮官、作戦幕僚が機動部隊指揮官となり、ウォー・ゲーム（図上、シミュレーション、指揮所演習）を行なう
	行動方針の比較
ステップ 5	●各行動方針の長所、短所を明らかにし、比較要因（簡明、機動、火力、民事など）のマトリックスを設定する ●XOが指揮官に推薦すべき最良の行動方針を決定する
	行動方針の承認
ステップ 6	●指揮官が任務達成に最良と判断する行動方針を承認する。状況により推薦案の一部修正、またはやり直しもある。**（1Hの確定）** ●指揮官の企図を最新化し、情報要求（CCIR、EEFI）を確定する
	計画・命令の作成
ステップ 7	●指揮官が決断した行動方針、企図、情報要求に基づいて各幕僚が計画、命令を作成する

詳細は拙著『戦術の本質』（サイエンス・アイ新書）を参照

状況判断プロセスの最新化を図り、今日の形式を確立した。

本プロセスの細部具体的要領については、拙著『戦争と指揮』(祥伝社新書)、『戦術の本質』(サイエンス・アイ新書)、『戦術学入門』(光人社NF文庫)などを参照していただきたい。なお、本プロセスの特徴的なことをいくつか述べておきたい。

ステップ2**「任務分析」**は、最も重要なステップだ。理由は、旅団長・幕僚は、当面の状況および問題を理解し、旅団(Who)が、達成すべきこと(What)を、いつ(When)、どこで(Where)実行するか、そして最も重要な作戦の目的(Why)を確定するからだ。つまり、作戦終了の終わり方を決定し、これが当初の(正式決定以前の)旅団長の企図および作戦計画作成の指針となる。

ステップ3**「行動方針の案出」**は、ステップ2で確定した作戦の目的をいかにして達成するか(How)を考察し、実行可能な複数の行動方針を案出する。行動方針は問題を解決するための具体的な手段・方法だ。

ステップ4**「ウォー・ゲーム」**は、わが行動方針と敵の可能行動を組み合わせた模擬戦闘で、各幕僚が敵(赤)と味方(青)に分かれて行なう。情報幕僚(S―2)が赤部隊(レッド・チーム）のドクトリン、戦術・戦法に則って赤部隊を運用する。

また、作戦および情報幕僚だけではなく通信、広報、民事、法務、オペレーションズ・リサーチ（ＯＲ）を担当する幕僚も参加し、分析の内容が広くかつ深くなるという特色がある。

ステップ６**「行動方針の承認」**は、副旅団長（ＸＯ）が最良と判断した案を旅団長に報告し、旅団長が同意すれば旅団の行動方針＝旅団長の企図となる。この意味において、本ステップは旅団の向かうべき方向が決定する結節点といえる。

ステップ６は、副旅団長の報告案を承認するだけの形式的な会議ではない。本プロセスで得られた結論＝報告案は無条件で承認されるわけではない。部分修正もあれば、状況によっては全面的なやり直しもある。

中隊指揮手順

中隊指揮手順（トゥループ・リーディング・プロシージャ。以下ＴＬＰと略称）は、ＭＤＭＰを中隊以下の小部隊レベルにまで拡張したものだ。ＭＤＭＰとＴＬＰの両者は、陸軍の基本的な問題解決プロセスとリンクしている。

作戦間の主要な指揮活動（作戦プロセス）は計画策定→作戦準備→作戦実施→継続的な作戦評価という一連のサイクルだ。プロセスは順番通りに、または部分的に重複して、あるいはその時の状況に応じて行なう。この作戦プロセスを回転させる原動力となるのが指揮官のリーダーシップである。

幕僚の配置がある大隊以上の指揮官は計画策定の段階でMDMPを適用し、幕僚の配置がない中隊と中隊以下の小部隊は計画策定と作戦準備の段階でTLPを適用する。中隊の場合、状況判断ではなく指揮手順となっているのは、中隊（小隊以下も含む）の場合は部隊移動や現地偵察などの部隊行動と不離一体で行なわれるからだ。

左の図は、大隊のMDMPと中隊・小隊のTLPが、同時並行して行なわれる一連の流れを示している。大隊のMDMPが完了してから中隊のTLPが始まるのではなく、通常、大隊本部の活動開始と同時に中隊の指揮手順も開始される。

TLPは、大隊本部から発出される「準備命令」の受領から開始するのが一般的で、大隊本部の指揮所活動の終了を待つことなく開始する。

リーダー（中隊長・小隊長など）は状況を固定的に考えるのではなく、柔軟性を保持して、大隊の指揮所活動の動きに振り回されることなく、TLPを現実の状況に適応させる

大隊MDMPと中隊・小隊並行実施の流れ

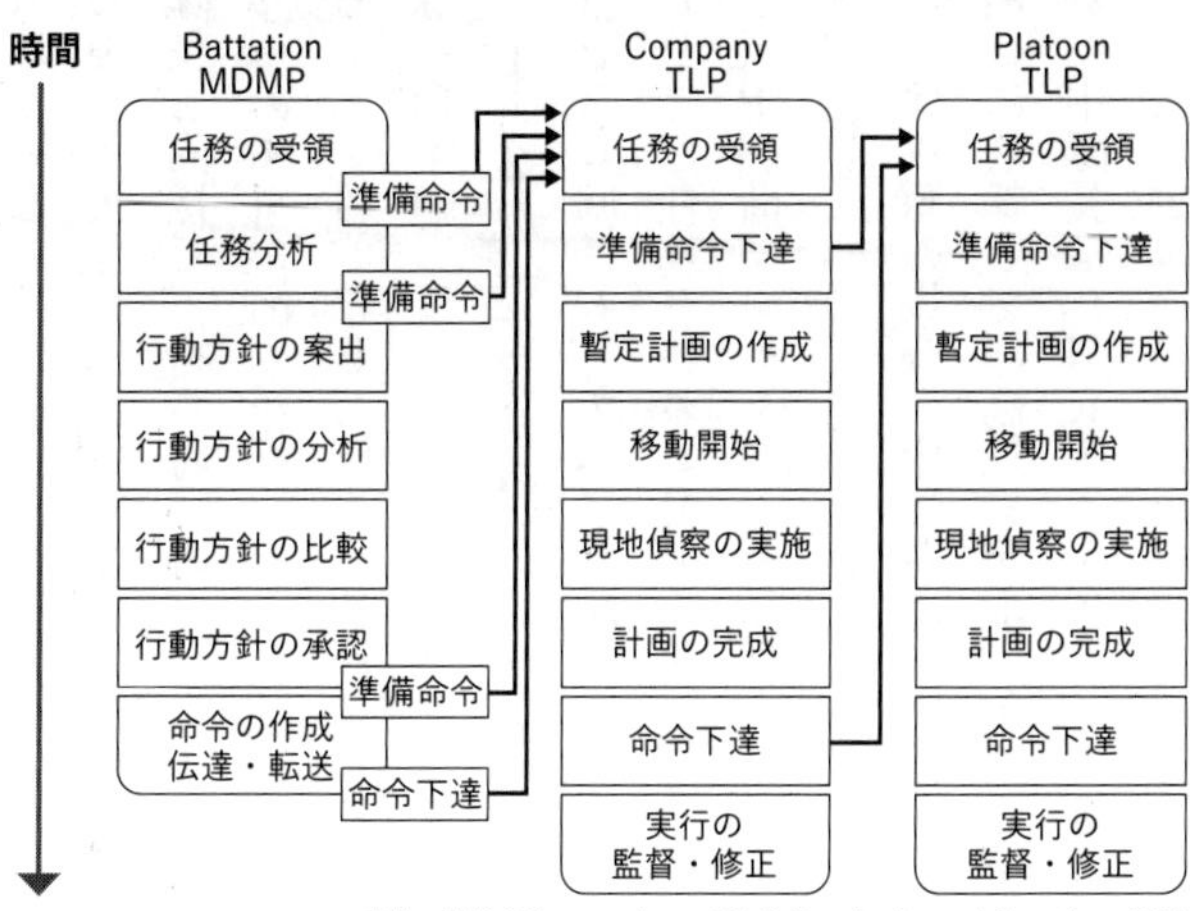

出典：FM6-0 Commander and Staff Organization and Operations 2014

ことが重要だ。

上級部隊から示される数次の準備命令に必要不可欠な情報が含まれていれば、最終命令は確認するだけで十分だ。状況によっては、準備命令の内容が変化し修正されることもある。この場合には中隊の計画や現地偵察の変更が必要となる。

米陸軍に「**3分の1ルール**」という厳格な規定がある。指揮官は、状況判断プロセスにおいて、幕僚に計画策定の時間を明示して厳守させるというルールだ。つまり上級司令部は全体時間の3分の1で計画策定を終了し、残りの3分の2の時間を指揮下部隊に与えなければならない。

図の場合、大隊長は持ち時間の3分の1でMDMPを終了し、残りが中隊長の時間だ。中隊長も同様で、持ち時間の3分の1でTLPを終える必要がある。「3分の1ルール」は米陸軍の不可侵の文化で、第一線部隊（小隊、班など）に現地偵察などの時間の余裕を与えることを目的として厳格に適用される。

中隊指揮手順（TLP）は、153ページの図に示したように8ステップから成る。ステップ1～2が「任務分析」、ステップ3～6が「計画作成」で、全体的には状況判断（MDMP）と同様のステップを踏んでいる。

TLPでは任務分析を「METT-TC」の6要素で行なうことを強調している。任務分析は状況判断プロセスで最も重要なステップであり、このステップで5W1Hのうち5W（誰が、何を、いつ、どこで、何のために）が確定する。

たとえば攻撃の場合、中隊長は大隊長から「○中隊は、○月○日○時に攻撃開始、前進軸A沿いに攻撃して○高地を奪取、敵部隊を撃滅して同高地を占領せよ」との任務が与えられる。中隊長は「METT-TC」の6要素で任務分析を行なって5Wを確定する。任務分析は大隊準備命令発出の段階から並行作業として行ない、大隊命令受領時には概成しているというのが一般的である。

中隊長がステップ3～6で決定するのは、1Hの攻撃の要領――小隊を並列して攻撃するか、重畳(ちょうじょう)配置して攻撃するか、配属戦車の先導により攻撃するかなど――の具体化である。6要素による詳細な分析がこの決定に生きてくる。

METT-TCは、状況判断プロセスを記憶しやすいように簡潔に表現したもので、状況判断に不可欠の要素が凝縮されている。以下中隊長のレベルに焦点を合わせて、各項目を説明する。(157ページの図参照)

M：任務の分析……2段階上位指揮官の任務、企図、コンセプトを完全理解する。次いで中隊として絶対に達成すべき任務、指定された特別な任務、明示されていないが達成が望ましい任務を考察する。最終的に中隊の任務を5W1Hで文章化する。

E：敵の分析……大隊の情報見積を活用し、敵のドクトリン、編成装備、配置、兵力、能力を考察する。大隊が作成した敵状況図を中隊レベルの状況図へ転換し、これに基づいて中隊長の情報要求を明らかにする。

T：地形・気象の分析……上級部隊が作成した総合障害図を最大限に活用し、これをさらに細かく分析する。地形は「ＯＡＫＯＣ」の５要素で分析する。

T：自隊の状況と得られる支援の可能性についての分析……支援・協力部隊を含む中隊の戦闘能力を現実的かつ冷静に判断する。兵士個々の士気、経験、訓練練度、部下リーダー（小隊長、分隊長など）の強み、弱みを考察し、支援してくれるあらゆる部隊、特に間接支援火力の量、種類、今後の見込みなどを考察する。

T：タイムラインの設定……中隊長は中隊、小隊以下のあらゆる行動（命令の作成、戦闘予行、作戦の打ち合わせ、支援火力の展開、弾薬の準備など）を考慮し、３分の１・３分の２ルールを厳守、小隊長に準備の余裕を与える。

C：民事考慮事項の分析……上級部隊から大隊の民事考慮事項が示され、中隊長はこれらのどれが中隊の任務遂行に影響があるかを考察する。一例としては避難民の移動、人道支援の要請、ＲＯＥ（交戦規程）からの要求などがある。民事考慮事項は「**ＡＳＣＯＰＥ**」の６要素で考察する。

METT-TCの概要

M mission **任務の分析**	● 2段階上位指揮官の意図を完全に理解 ● 必ず達成しなければならない目標は? ● 達成することが望ましい目標は?
E enemy **敵の分析**	● 上位部隊から与えられた「敵状況図」を活用 ● 1段階下位のレベルまで細部を考察 (敵が機械化小隊であれば各車両の配置・行動など)
T terrain & weather **地形・気象の分析**	**O** bservation & field of fire … **視界・射界** **A** venues of approach … **接近径路** **K** ey terrain … **緊要地形** **O** bstacles … **障害** **C** over & concealment … **掩蔽・隠蔽** **気象** … **視程・風・降雨量・雲量・温度/湿度**
T troops & support available **自隊の状況と得られる支援の可能性についての分析**	● 自隊の能力を現実かつ冷静に分析 ● 兵員の士気、経験、練度などの強み・弱みを考察 ● 支援可能な全部隊、今後の見込みなどを考察 (間接支援火力―砲兵、迫撃砲の量、種類など)
T time available **タイムラインの設定**	● 3分の1・3分の2ルールの厳守
C civil considerations **民事考慮事項の分析**	**A** reas … **重要民間地域** **S** tructures … **発電所、病院などの施設** **C** apabilities … **資源・サービスの提供受け** **O** rganization … **NGOなど非軍事組織、施設** **P** eople … **作戦地域の住民** **E** vents … **伝統行事、祭事**

出典:FM5-0『THE OPERATIONS PROCESS』など

迅速な状況判断および同時進行プロセス

作戦・戦闘は、戦場という土俵の上で、自由意志をもつ指揮官同士が、相手の打倒を目指して必死に戦うのが実態だ。戦いは錯誤（さくご）の連続と言われるように、状況の急激な変化は避けがたい。したがって、指揮官が状況の急変に迅速に対応できるか否かが、作戦・戦闘の帰趨（きすう）に決定的に影響する。

クラウゼヴィッツが摩擦という独自の概念を生み出している。すなわち、戦場での不確実な情報、過失、偶発事件、予測不能な事柄などが累積して、状況判断や部隊の士気・行動に及ぼす影響のことである。つまり、偶然や不確実性という理論化になじまない分野があるということだ。

指揮官・幕僚は、作戦を開始した以降、作戦がどのように進捗（しんちょく）するかを評価して、任務の達成、好機の利用、あるいは予期しない脅威への対応のために、作戦計画の修正が必要になるかどうかを判断する。迅速な修正のためには、指揮官・幕僚の直感的状況判断に負うこと大である。

修正の判断には次の４タイプがある。①と②の場合は計画通りに作戦を継続し、③と④の場合は計画の修正が必要となり、迅速な状況判断が必要となる。

①作戦計画との重大ではない差異が生じた場合、現状に応じて、各別命令の発出により行動を計画上の本来の行動に戻させる。

②作戦区分が次に進むような予期した状況で修正の必要性が生じた場合、計画上の範囲内で、1ないし数個の支隊を臨時編成するか、または部隊交代を行なう。

③作戦の途次、予期した以上の友軍の成功により、作戦終了の条件（作戦の目標）が達成できそうな好機が生じた場合、修正を決断する。

④計画策定時には予期しなかった、任務の達成を妨げるような重大で否定的な脅威を認めた場合、修正を決断する。

周到な準備をして臨んだ作戦も、必ずしも計画通りに進展するとは限らない。自由意志をもつ敵の動き、予期しない不測事態の発生、上級司令部による任務の変更などにより、新たな状況判断を迫られる場合がある。

むしろ、それが常態といえよう。米陸軍はこのような状況の変化を想定して、状況判断プロセス（ＭＤＭＰ）の応用として、「迅速な状況判断および同時進行プロセス」（ラピッド・ディシジョンメイキング・アンド・シンクロナイゼーション・プロセス、以下RDSPと略称）を第14章に明記している。

時間に余裕がなく迅速な状況判断を迫られる場合に、計画・命令を効果的に実施するためには、指揮官・幕僚がMDMPを完全マスターしていることが前提となる。彼らがMDMPの各ステップを理解し、それぞれの役割を完璧にこなせるようになってはじめて、MDMPを短縮して効果的な計画・命令を作成できるからだ。

MDMPは最適の解決策を求めるが、RDSPは、指揮官の企図、任務、コンセプトの範囲内で、タイムリーかつ有効な解決策を求めることが特色だ。一連のプロセスを丁寧に踏むことより迅速さを重視する。

MDMPでは、各ステップは紙に書くが、RDSPでは、各ステップの大部分を頭の中（メンタル）で行なう。迅速さとメンタル作業は、当面の作戦を担当している作戦統合班、次期作戦を担当する作戦統合班、あるいは両者にとっては、バトル・ドリル（戦闘教練）そのもので、待ったなしの修羅場となる。

RDSPは次の5つのステップで行なう。

第1ステップ……作戦が予定通りに進捗しているかを、現状に照らして比較する。
第2ステップ……修正の決断、どのタイプの修正が必要かを判断する。
第3ステップ……行動方針を案出する。
第4ステップ……行動方針を精選して承認する。
第5ステップ……実行に移す。

第1ステップと第2ステップは、どのような作戦でも行なわれ、同時にまたは逐次に実施する。対応が必要となる場合は、残り3つのステップで新たな行動方針を案出して実行に移す。

新たな行動方針への移行は作戦計画の変更である。このために、作戦を主宰する旅団本部は、組織を挙げて、修正に結びつく兆候の把握に全力を注入する。これらは、敵の動向——主攻撃正面の判明、予備隊の動き、予期しない敵の動きなど——、火力打撃による効果の分析、NBC兵器の使用兆候、補給能力の重大な喪失などさまざまである。

RDSPを適切に行なうために、最初に、当面の作戦を担当している作戦統合班が、作戦が予定通りに進捗しているかを、現状に照らして比較する。この際、評価班またはレッド・チームの補佐を受けて評価を行なう。本格的な評価が必要と認められると、副旅団長は次期作戦を担当する作戦統合班に評価の実施を指示する。

RDSPはMDMPの各ステップを単純に省略するということではない。各ステップに要する時間を状況に合わせて最小限で行なうということだ。状況によっては、指揮官が頭の中で一連のステップを踏み、即断即決で結論を出し、直ちに命令を指揮下部隊に発出することもあり得る。RDSPは、特に指揮官の戦術状況を理解する経験と直観力に負うところが大である。

> 迅速な状況判断および同時進行プロセスは、指揮官および幕僚が、作戦実施間に使用する一般的な手法である。特異な名称と手法のように思われがちだが、このアプローチは新規なものではなく、陸軍に定着しているやり方だ。指揮官および幕僚は、訓練と実業務を通じてこの能力を習得する。(『提要』)

サラリと書かれているが、私たち日本人の最も不得意とする正面だ。作戦実施中に問題が生じた場合、状況に応じて計画を修正し、また変更することは常識的な発想だが、日本的組織はこれが不得手なのだ。太平洋戦争で、陸軍も海軍も、当初の作戦計画に固執して、途中で変更の必要性を認めながら実行できなかった例は、ミッドウェー海戦、ガダルカナル島作戦、インパール作戦など枚挙にいとまがない。

第4章「問題解決」について若干付言しておく。

解決すべき問題とは、期待する目標（ゴール）または終了状態（エンド・ステイツ）の達成を困難にする、事柄あるいは障害のことだ。問題は単純なものから複雑に絡み合ったものまで種々様々（しゅじゅさまざま）である。このような問題を認識して効果的に解決する能力は、リーダーに必須のスキルである。

リーダーは、問題解決プロセス、TLP、あるいはMDMPを適用して問題解決に取り組む。問題解決の目標は短期的な解決ではなく、長期的な解決の基盤を形成することだ。この点は、その場しのぎの日本的解決と決定的に異なる。

問題解決プロセスは、①情報および知識の収集②問題の特定③クリテリア（事実または仮説に基づく判断の基準）の案出④可能な解決策の創出⑤可能な解決策の分析⑥可能な解決策の比較⑦解決策の決定および実行――の7ステップから成る。

私たちは状況判断と問題解決とは別個のものと考えがちだ。米陸軍ではこの両者を一体のものと考えている。この視点は、軍事マネジメントと一般マネジメントの融合であり、状況判断が問題解決の汎用的手法であり得ることを示している。

アメリカでは、軍事マネジメントと一般マネジメントの差異はほとんどなく、『提要』はマネジメントの参考書としても読める。記述態度も、煩雑と思われるくらい丁寧に書いてあり、解説や補足説明を必要としない。『提要』は400ページ余の大冊だが、オンデマンド版や電子版でも読むことが可能だ。

第４章

情報と後方支援

情報活動と後方支援は戦闘力発揮の基盤

戦場は食うか食われるかの修羅場だ。訓練精到かつ精強無比の部隊であっても、戦闘力を最大限に発揮するためには、これを支える基盤が不可欠だ。この基盤とは情報活動と後方支援のことだ。両者ともに地味な活動で戦闘行動のような華々しさを欠き、日本的組織では軽視され無視されがちである。

部隊が付与された任務に基づいて攻撃、防御、後退行動、その他の戦術行動を選択する場合、実行動に先行するのが情報活動（敵・地形・気象などの情報資料の収集など）だ。また、決定した戦術行動を成り立たせるためには、戦闘力の維持（兵站、人事サービス、健康サービス支援）が大前提となる。

私たち日本人には、情報センスに欠けるという性質がある。島国という地理的な特性と農耕民族的な性格とが相まって、いわゆる〝待ち情報〟といわれるわが国独特の情報感覚が形成されている。

情報は自然現象ではなく、天から降ってこない。欲しい情報を手に入れる手立てを講じることが前提だ。軍隊では、指揮官が情報要求を明示し、これに基づいてあらゆる情報機関が総力を挙げて情報資料（インフォメーション）を収集し、これらを情報幕僚が分析・評価して情報（インテリジェンス）に転換する。

戦前の旧陸軍に「輜重輸卒が兵隊ならば、蝶々トンボも鳥のうち、電信柱に花が咲く」という輜重兵をバカにした戯れ歌があった。戦闘兵科以外は兵隊ではないという意味だ。このような後方支援の軽視あるいは無視が、太平洋戦争の各戦線（ガダルカナル島作戦、ニューギニア作戦、インパール作戦など）において、〝飢餓〟〝餓死〟〝白骨街道〟といった悲惨な状況を生んだ。

後方軽視という体質を一夜にして変える処方箋はない。突発する非常事態（大地震、大災害、疫病など）を体験し、学び、そして自らを徐々に変えていくほかない。失敗と成功の例を海外の事例をも含めて幅広く学ぶことが肝要だ。

この過程でいちばん問題になるのは、平時の態勢からいかにして有事の態勢へ切り替えるかということだ。この切り替えが上手いのが米国式マネジメントの特性だ。

本章では、戦術というレベルを超えるが、日本的情報センスの典型例として『大本営参謀の情報戦記』（堀栄三）と、湾岸戦争における後方支援を中心命題とした『山・動く』（ウィリアム・ガス・パゴニス中将）の2冊を取り上げる。前者は失敗例として、後者は突発事案に対する対応の成功例としての視点から、それぞれ選んだ。

10 堀栄三『大本営参謀の情報戦記』

日本型組織の本質的欠陥を述べた警世の書

各著作から戦術のエッセンスを学ぶという意味では、『大本営参謀の情報戦記』は異質である。同書は情報のノウハウを語るものではなく、私たち日本人の情報感覚に警告を発する内容だからだ。

著者の堀栄三は、昭和18（1943）年10月1日、大本営陸軍参謀として市ヶ谷台（現防衛省の敷地）の大本営陸軍部第2部（情報部）に配置された。堀は陸軍大学校を卒業（17年12月）後、座間の陸軍士官学校の戦術教官に配置されていたが、過去の経歴に情報関係の勤務はなかった。

当時、太平洋戦争は開戦以来約2年を経過し、ガダルカナル島からの撤退、アッツ島守備部隊の玉砕など、米軍の本格的攻勢により日本軍は全般的に守勢に立たされていた。堀が着任した前日の9月30日、千島、マリアナ諸島、カロリン諸島、西部ニューギニア以西の線から敵を一歩も入れないという〝絶対国防圏〟が設定された。
堀は着任後1カ月の間に3つの課を廻り、最終的に「第6課米国班」の配置となり、課長の杉田一次(すぎたいちじ)大佐から「米軍の戦法を専心研究してもらう」と告げられた。信じ難(がた)いことに、第6課が米・英の担当課となったのは開戦半年後の昭和17年4月であり、しかもそれまで誰も米軍の戦法を研究していなかった。

この期に及んで、米軍戦法を研究せよというのだから、泥縄もいいところであった。命令を貰って堀が驚いたのも無理はない。野球の試合が中盤以降になって、相手の攻撃にてこずりだして、「さあ、データーを調べよう」というのと同じだ。(堀栄三『大本営参謀の情報戦記』)

戦争を決意する以上、戦争前から敵の戦略・戦術・戦法を研究し、それに適応する編成・装備、教育・訓練、人材の育成などを行なうのが常識だ。だが、旧日本陸軍はこのことを完全に無視した。本書は、日本最大の組織であり、最も情報を必要とする軍という組織での体験を赤裸々に語った、当事者ならではの警世の書である。

その組織がいかなる情報の収集・分析処理・管理のノウハウを備えていたのか、あるいはいなかったのか？　いかなる欠陥をもっていたのか？　――その実態を体験的に述べることは、日本の組織が内在的にもちやすい情報に関する問題点を類推（アナロジー）させることにも役立つのではなかろうか。（同前）

堀が指摘しているように「日本の組織が内在的にもちやすい情報に関する問題点」は、戦後76年を経た今日でも全く変わらない。政府はじめ指導層の情報センスのなさ、情報意識の欠落、情報に対する無知の例は枚挙にいとまがない。

卑近な例だが、東京オリンピックの開会式（２０２１年7月23日）直前に、組織委員会は音楽担当ディレクターと開会式・閉会式の演出者を解任した。ことの本質は、情報に限定したものではなく、日本組織の行動様式の問題といえる。

女性差別、障碍者（しょうがいしゃ）へのイジメ、ホローコストへの無知などは国際社会で許容されない基本的な常識だ。わが国ではこれらに関連する事案が発生すると、その場しのぎの措置で表面的にとりつくろい、根本から解決する努力をしない。そして、忘れた頃に同様な問題が起きると、あわてて一時しのぎの対応を繰り返す。

チームプレイの意識が皆無の参謀本部作戦課

『作戦要務令』に記述されている旧日本陸軍の情報勤務は、陸自の情報業務の運営、米陸軍の情報プロセスと大きな差異はない。

とはいえ、典範例の記述と現実の乖離(かいり)は大だった。太平洋戦争を通じての旧陸軍の情報軽視ないし無視、あるいは情報を活用するという意識の欠如は明らかで、日本型統治機構に共通する欠陥といえる。

日本組織はチームプレイが苦手、あるいはチームプレイができないという特性がある。日本人には個人の自立心が希薄という体質があり、組織同士でもお互いを尊重して仕事を進めるという観念が欠けている。中枢となる組織(たとえば作戦課)がすべてを取り仕切り、他の組織(第6課等)はそれに従えというやり方だ。

情報部は毎年一回、年度情勢判断というかなり部厚いものを作って、参謀総長や各部に配布していたが、堀の在任中、作戦課と作戦室で同席して、個々の作戦について敵情判断を述べ、作戦に関して所要の議論を戦わしたことはただの一回もなかった。

(同前)

私のように『野外令』で米軍式状況判断になじんだ立場では、堀の指摘は信じ難いの一語だ。「作戦課と作戦室で同席して、個々の作戦について敵情判断を述べ、作戦に関して所要の議論を戦わしたことはただの一回もなかった」ということは、戦争中にもかかわらず、作戦課が敵情をも独善的に解釈していたということだ。

昭和17（1942）年8月7日、突如、米海兵隊がガダルカナル島に上陸した。大本営は米軍の上陸目的を飛行場の破壊と決めつけ、8月13日に一木（いちき）支隊（ミッドウェー島上陸予定部隊だった）にガダルカナル島の奪回を命じた。米軍の本格的反抗は昭和18年以降、という根拠不明の楽観論に固執しての判断だった。

米軍は、水陸両用作戦という新戦法を開発し、陸・海・空の統合作戦としてガダルカナル島上陸を敢行した。日本軍は陸・海・空がバラバラに戦い、戦力の逐次投入を繰り返し、結果として陸戦のターニングポイントとなる大敗を喫した。

堀は同書で、「大本営の中にもう一つの大本営奥の院があって、そこで有力参謀の専断でかなりのことが行なわれていたように感じられてならない」「情報部を別格の軍刀参謀組で固めていたら、戦争も起こらなかったかもしれない」と、作戦と情報が断絶していた事実を赤裸々に語っている。

戦時中の大本営中枢部は、作戦第一、情報軽視が実体だった。情報課の情勢判断もまた的確ではなかった。旧陸軍は作戦部門のエリート意識が極端に強く、他部門を見下し、組織で仕事をするという意識が皆無だった。

堀参謀が〝米軍戦法の研究〟を命じられた頃の、陸軍の敵に関する非常識を彷彿させる具体的な証言がある。

国民作家として知られた司馬遼太郎は、学徒動員第1期生として、昭和19（1944）年5月1日、旧満州の「四平陸軍戦車学校」に入校した。司馬が四戦校で受けた教育は、時代錯誤も甚だしいものだった。

司馬は四戦校で8カ月間の戦車小隊長教育を受けた。彼は「インスタント将校の養成所にいれられて教育を受けた」と言っているが、速成教育ではなく、今日における陸自の教育と同様に、正規の戦車小隊長養成教育だった。

司馬はエッセー（『歴史と視点』に収載「石鳥居の垢」）の中で、四戦校で受けた教育（対戦車戦闘）に言及している。兵棋演習はソ連軍戦車部隊との戦闘を想定したもので、実態は、当時の戦況と戦車の性能を無視した観念的なものだった。

当時すでにサイパン島、レイテ島が米軍に占領されていたにもかかわらず、四戦校では対ソ戦を想定した教育を行なった。米国との戦争は既に3年を経過し、太平洋戦線では米軍のM－4中戦車（75ミリ戦車砲）の出現に悲鳴をあげており、教育内容と現場との信じ難いほどの乖離には愕然とさせられる。

当時の日本陸軍の主力戦車は97式中戦車（57ミリ短カノン砲）だった。ソ連軍の主力戦車のT－34中戦車（76／85ミリ戦車砲）とはハナから勝負にならない。太平洋戦線の実態を考えると、当然、米陸軍のM－4中戦車との戦闘法を教育すべきだ。司馬は「むかしの僧侶が、自分も信じていない地獄極楽の説教をするように、教官の原案もそれに似ている」と醒めた目で兵棋演習を評価している。

チームプレイという面では、陸軍と海軍の連絡が円滑さを欠いただけではなく、陸軍の中でも作戦部、情報部、技術本部、航空本部などがまったくバラバラの活動を行なっていた。このことは〝縦割り行政〟という言葉が象徴するように、今日のわが国の統治機構のあり方そのものだ。

『敵軍戦法早わかり』の作成・配付

堀参謀は、昭和18（1943）年11月末から12月初めにかけて、トラック島、ラバウル、ニューギニア、フィリピンなどの第一線を視察した。目的は、戦場を自分の目で見て、現地の司令官や部隊から米軍に関する情報を収集することだった。最終目標は、米軍戦法をまとめて第一線部隊に普及させることである。

米軍戦法の研究、『敵軍戦法早わかり』は昭和19年5月にほぼ出来上がっていた。ちょうどその頃、サイパン、グァム、テニアンの各島で戦闘が起き、「この教訓を取り入れなければ画竜点睛(がりょうてんせい)を欠く」ということで印刷が遅れ、完成したのは3カ月遅れの9月だった。

一読もって平易に敵戦法を会得できる資料であったから、出来るだけ図解、表の作成、写真の導入などをして、全九章八十一頁、付表十一、付録一から出来ていた。

(同前)

内容の多くは、米軍野外教令『上陸作戦』の内容を要約して、第一線部隊が読みやすいように整理したものだ。一番重要なのは「ガダルカナル島からサイパン島、グァム島に至るまでの、米軍が行なった戦闘のナマの情報を整理分析して一覧表としたもの」で、第一線部隊の血をもって報告した内容だった。

『敵軍戦法早わかり』が出来上がる少し前の昭和19年3月、第6課の堀栄三参謀と作戦課の朝枝繁春（あさえだしげはる）参謀は一緒に大連（だいれん）へ出張を命じられた。目的は、マリアナ諸島への転用のために大連・旅順地区に終結していた関東軍の第14師団に、作戦と米軍戦法を説明することだった。さらに青島（チンタオ）に飛び、北支から南方に転用される第35師団にも同様の説明をした。このことは作戦課と情報課がペアを組んだ初めての例だった。

今でも堀の印象に残るのは、ペリリュー島を守備した第十四師団〔第2歩兵連隊〕の中川連隊長が、大連での堀たちの事前説明を熱心にメモして、時には質問してきた姿である。（中略）わずか四ヶ月のうちに、米軍の艦砲射撃と爆撃にも耐える強靭な陣地を構築して、孤軍奮闘よくもあれだけの戦闘が出来たものと驚嘆の外はない。（同前）

昭和19年（1944）9月15日、米海兵師団がペリリュー島に上陸を開始した。守備部隊は洞窟陣地の利用と夜間斬込み戦法で海兵隊の前進を拒（こば）んだ。守備部隊は頑強に抵抗したが、9月30日頃には島の大部分が占領された。その後も部分的な抵抗を約2カ月続けたが、大勢を動かすには至らなかった。

情報活動には千古不磨(せんこふま)の鉄則がある。すなわち、どのように完璧な情報であっても、必要とされる時機に間に合わなければ、その情報は反古(ほご)同然ということだ。『敵軍戦法早わかり』は立派なものだったが、最低限でも太平洋戦争開戦前に作成し、その後の教訓を加えて内容を充実すべきだった。

旧陸軍には堀参謀のような理知的な将校も多くいた。陸軍という組織に彼らを使いこなす英知と常識があったならば、『敵軍戦法早わかり』の作成・配布は開戦前にできたのではないか?

堀は「日本の情報部も、開戦直前まで北方ソ連の方を見ていて、太平洋は惰眠(だみん)をむさぼっていた」「そのために、何十万の犠牲を太平洋に払わせてしまった」と述べ、少々の後悔や反省だけでは済まされないと断じている。堀は「ソ連の方を見ていた」と言っているが、ノモンハン事件で暴露されたように、実態は近代化されたソ連軍の研究すらしていなかったのだ。

このことは主として情報部の責任であるが、それ以上に作戦部の敵に関する情報要求の希薄さが根本的な問題だ。情報活動はトップの情報要求から始まるが、旧陸軍——特に参謀本部の中枢である作戦課——では、この意識がなかった。

「台湾沖航空戦」の怪

昭和19（1944）年10月15日、大本営海軍部は、12日から15日に至る一連の航空戦（台湾沖航空戦）の戦果を総合して発表した。

撃沈―空母11、戦艦2、巡洋艦もしくは駆逐艦1。撃破―空母8、戦艦2、巡洋艦もしくは駆逐艦1、艦種不詳13、その他火焔、火柱を認めたもの12を下らず。日本軍が米機動艦隊に与えた損害は甚大との内容だった。

大本営海軍部の発表は、戦争の前途に不安を感じていた国民を狂喜させ、連合艦隊に勅語を賜（たまわ）り、各地で国民大会が開かれ、小磯國昭（こいそくにあき）首相は「勝利はわが頭上に」と大呼した。政府も国民も勝利の興奮に包まれたのだ。

だが、連合艦隊自身も大本営海軍部もこの過大な戦果に疑問を抱いた。再調査・検討した結果、「いくら有利に見ても、空母4隻を撃破した程度」との結論を得た。戦後に判明した結果は、巡洋艦2隻の大破だけだった。この時点での最大の過失は、大本営海軍部はこの結論を陸軍部に通報しなかったことだ。

台湾沖航空戦の戦果発表は、意図して作為するか、または誇張したものではない。連合艦隊は攻撃実施部隊の報告を単に中継し、大本営海軍部は連合艦隊の報告をそのまま信じた結果だ。この一連の流れを見ると、情報活動に不可欠の分析・評価が全く無視されていることに気づく（情報活動の基本については後述）。

このような状況の中で、10月17日早朝、米軍がレイテ島に上陸を開始する。大本営は18日に捷一号の発動を上奏し、決裁を得て、同日「捷一号作戦」を発動した。台湾沖航空戦の大勝利を前提として、天王山と称するレイテ島決戦が開始された。

堀参謀は、台湾沖での航空戦の最中に、偶然歴史の転換点に立ち会うことになった。彼は『敵軍戦法早わかり』を第一線部隊に普及するために、フィリピンの第14方面軍への出張の途次、10月13日午後1時過ぎ、九州鹿屋の海軍飛行場で異様な光景を目撃した。

大型ピストの前は十数人の下士官や兵士が慌ただしく行き来して、大きな黒板の前に坐った司令官らしい将官を中心に、数人の幕僚たちに戦果を報告していた。

「○○機、空母アリゾナ型撃沈！」

「よーし、ご苦労だった！」

戦果が直ちに黒板に書かれる。

「○○機、エンタープライズ轟沈！」

「やった！　よし、ご苦労！」

また黒板に書きこまれる。

その間に入電がある。別の将校が紙片を読む。

「やった、やった、戦艦二隻撃沈、重巡一隻轟沈」

黒板の戦果は次々と膨らんでいく。（同前）

堀の脳裏に「一体、誰がどこで、どのようにして戦果を確認していたのだろうか？」との疑問が湧いた。彼は報告を終わったパイロットたちを片っ端から呼び止めて質問した。パイロットの返事はすべて曖昧だった。夜戦での航空戦で、艦型の識別などできるはずもないのだ。ピスト内には報告内容を審査する幕僚はいなかった。

堀は「この成果は信用できない。いかに多くても2、3隻、それも航空母艦かどうかも疑問」との緊急電報を、所属長の大本営第2部長宛てに打った。問題は、堀の緊急電報が作戦課に届けられたかどうかだ。

堀の報告は既述の大本営海軍部の再審査の結論と一致していた。とはいえ、陸軍部（作戦課）は海軍部の発表（大戦果）を前提としてレイテ島決戦を発動しているので、建前としては堀の報告が届いていないことになっている。

堀は同書の中で、堀が鹿屋から打った電報を大本営陸軍部は承知していたと想像され、これが「握りつぶされたと判明するのは戦後の昭和三十三年夏だから、不思議この上ないこと」と断じている。

私は、握りつぶしたのは某参謀と堀が実名を書いた文章を読んだ記憶がある。これが事実であれば、レイテ島決戦を強行した参謀本部作戦課の罪は重く、まさに「台湾沖航空戦」の怪である。

勝者と敗者

日本を占領した米軍は、戦後、日本軍に関して徹底的な調査を行なった。昭和21（1946）年4月、米軍は「日本陸海軍の情報部について」という調査書を米政府に提出した。堀自身が「あまりにも的を射た指摘」と脱帽している、結論部分の5項目を紹介する。これらは今日のわが国にそのまま適用できる内容だ（註は堀が加筆）。

・軍部の指導者は、ドイツが勝つと断定し、連合国の生産力、士気、弱点に関する見

積を不当に過小評価してしまった。（註、**国力評価の誤り**）

・不運な戦況、特に航空偵察の失敗は、最も確度の高い大量の情報を逃がす結果となった。（註、**制空権の喪失**）

・陸海軍間の円滑な連絡が欠けて、せっかく情報を入手しても、それを役立てることが出来なかった。（註、**組織の不統一**）

・情報関係のポストに人材を得なかった。このことは、情報に含まれている重大な背後事情を見抜く力の不足となって現れ、情報任務が日本軍では第二次的任務に過ぎない結果となって現われた。（註、**作戦第一、情報軽視**）

・日本軍の精神主義が情報活動を阻害する作用をした。軍の立案者たちは、いずれも神がかり的な日本不滅論を繰り返し声明し、戦争を効果的に行うために最も必要な諸準備を蔑（ないがし）ろにして、ただ攻撃あるのみを過大に強調した。その結果彼らは敵に関する情報に盲目になってしまった。（註、**精神主義の誇張**）（同前）

この5項目は、米軍の日本軍の情報活動に関する総評点だった。戦争に勝った米国はこのような調査研究を徹底して行なったが、戦争に負けたわが国では、敗戦後76年を経過した今日に至るも、「なぜ戦争に負けたのか」という総合的な総括を行なっていない。〝喉元過ぎれば熱さを忘れる〟という刹那主義に通底するわが国の悪弊だ。

昭和24（1949）年6月、奈良県西吉野村に帰郷していた堀に、「至急連合軍総司令部に出頭せよ」との直接電話が村役場にかかってきた。7月4日に総司令部に出頭した堀を待ち構えていたのは3つの調査項目だった。

①　米軍のルソン島上陸をリンガエン湾とし、その日時を1月上旬末と判断した理由は何か？

②　それだけ的確な判断が可能だったのは、米軍の暗号または重要書類などを盗読していたからではないか？

③　オリンピック作戦（米軍の九州南部上陸作戦）を的確に判断できた根拠は何か？

堀参謀が第14方面軍に出張したときに「捷一号作戦」が発動され、堀はそのまま第14方面軍情報参謀に転属となった。レイテ決戦を行なっている間に、堀が見積もった米軍の次期可能行動の結論が「1月上旬末」だった。

堀は昭和20（1945）年2月1日に大本営に帰任し、再び第6課の米国班で勤務した。米国班の最大の任務は、米軍の日本本土上陸が必至との見通しから、上陸地点、時期、兵力を判断することだった。

その結論は「米軍の九州への使用可能兵力は15個師団、上陸の最重点指向地点は九州南部の志布志湾、時期は10月末から11月初旬の頃」だった。米国班のオリンピック作戦についての見積もりはきわめて正確だった。

昭和60（1985）年11月に、米国の戦史研究家――太平洋戦争当時米軍の中枢部にいた参謀――が、奈良の堀の自宅を訪問した。オリンピック作戦について第6課米国班は「あまりにも的確に判断しすぎていた」として、その真偽を質問している。

勝者である米軍は、勝利後も、情報が漏れていたのではないか、すなわち保全の観点から執拗な追跡を行なっている。敗者である日本軍は、戦争の教訓を研究する暇すらなく完全に解体され、その後も有耶無耶にしたままだ。

情報活動の基本

『大本営参謀の情報戦記』の理解を容易にするために、作戦・戦術レベルの情報活動の基本について簡単に触れておく。

情報活動は指揮官の状況判断と不離一体のものだ。情報活動は、①収集努力の指向②情報資料の収集・フォーマット化③情報資料から情報への転換④情報の使用の4段階で行なわれる。この全段階を通じて分析と評価を継続して行なう。

収集努力の指向

作戦・戦術レベルの情報活動は、「オレはこれが知りたい、この情報が欲しい」という指揮官の情報要求から始まる。情報要求は「情報主要素」と「その他の情報要求」に区分される。情報主要素は最も優先度の高い情報要求で、これを示すことにより収集努力の焦点が明確になる。

昨今のコロナ禍ではチグハグな意思決定が散見される。意思決定者の情報活動への理解が十分ではなく、しかも意思決定者が情報要求——真に知りたい情報——を明確に示さないために、あらゆる情報組織を有機的に活用していないからだ。身内に頼る側近政治では真に必要な情報は入手できない。

情報資料の収集・フォーマット化

収集とは、あらゆる機関、手段を総動員して可能な情報資料（生のデータ）を収集し、処理し、報告する具体的な活動のことをいう。収集範囲を限定しないことと同時にタイムリーで正確な情報資料の収集・処理・報告が不可欠である。

収集された情報資料を定められた形式にフォーマット化（フィルムの現像、画像化、外国語の翻訳、電子的手段で収集したデータの標準化など）する。これらが情報データベースとなり、確定された情報の基礎および情報部門関係者の状況認識の基礎となる。

情報資料から情報への転換

この段階で、ナマの〝情報資料〟を指揮官の状況判断に直接影響を与える〝情報〟に転換する。真の情報は精製（プロデュース）するものだ。このために、①単一または多数の情報資源から各種手段により新たに収集された情報資料②すでに評価・判定を終えている情報資料③上下級部隊・組織、非軍事機関から得られた既存の情報資料・情報などを総合的に判断する。

一般的に広く使用されている情報という日本語は、情報資料（インフォメーション）と情報（インテリジェンス）の区分が曖昧だ。この違いをキチンと認識しなければならない。SNSなどに書かれていることは情報（インテリジェンス）ではなく、単なる情報資料（インフォメーション）に過ぎない。これを間違えると誤情報に振り回される。

情報の使用

タイムリーで正確な情報の使用は作戦成功の鍵だ。指揮官は、状況判断のため、戦闘情報と確定された情報を、限られた時間内に、適切なフォーマットで入手する必要がある。同時に、すべての部隊指揮官は、状況の正確な理解のために、あらゆる情報源から得られた最新の情報資料・情報を共有することが不可欠だ。

分析・評価

情報幕僚の持ち味は、沈着冷静な目で、敵の能力、友軍の脆弱性、戦場環境などを分析できることだ。堀参謀が、鹿屋の飛行場での異様な光景を、情報参謀のクールな目で分析し、「台湾沖航空戦の大戦果」に疑問を抱いたのはこの典型だ。その後、堀参謀は「この成果は信用できない。いかに多くても2、3隻、それも航空母艦かどうかも疑問」と評価して、緊急電報を打っている。

私たち日本人には〝情報の待ち受け〟という本質的な弱点がある。情報は与えられるものではなく自ら獲りに行くもの、という意識革命が絶対に必要だ。自らの情報要求（ニーズ）を明らかにして、多方面にアンテナを伸ばしておくことが基本だ。『大本営参謀の情報戦記』はこのことを国家レベルで警告してくれる。

11 W・G・パゴニス『山・動く　湾岸戦争に学ぶ経営戦略』

後方支援を当事者が語る稀有な書

本書は、第1次湾岸戦争で米軍を主体とする多国籍軍の後方部門を一手に担ったウィリアム・ガス・パゴニス中将の『Moving Mountains』を翻訳したものである。どのような困難な事業でも愚直に継続すれば必ず成就する、という中国の故事「愚公(ぐこう)山を移す」を彷彿させるタイトルだ。

作戦そのものは牙(戦闘部隊)の部門と尻尾(支援部隊)の部門の合作から成るが、尻尾の部分が語られることはほとんどない。この意味でも同書は作戦における後方支援の実態を知る貴重な文献といえる。

後方支援は戦闘力の維持が目的で、**兵站**、**人事サービス**、**衛生サービス支援の3つの機能**がある。いずれの機能も第一線部隊の戦闘力維持には欠くことができないが、特に兵站は後方支援の大部分を占め、戦車や野砲など主要装備から生鮮食品やタバコなど個人の嗜好品までを含む補給品は膨大な量となる。

同書は、第22支援コマンド司令官パゴニス中将が自ら語った、具体的かつ実践的な回想録だ。第1次湾岸戦争の後方支援は、56万人の兵士、700万トンの軍需物資、13万両の戦闘車両を地球の裏側まで輸送し、その戦闘力を維持し、100時間もの地上戦の勝利に貢献し、作戦終了後にこれらを元に戻す、という史上稀に見る空前絶後の大事業だった。

原書のサブタイトルは「湾岸戦争に見るリーダーシップと兵站の教訓」(Lessons in Leadership and Logistics from the Gulf War) である。兵站戦史であり、リーダーシップ論であり、**平時から有事態勢への切り替えの具体的方法論**でもある。

後方支援といえば、決まりきったことを決まりきったやり方で、地道に淡々と実行するようなイメージがある。だが、平時の発想が通用しない突発的な状況では、有能な人材を大胆に抜擢し、一切合財を任せるという、組織の柔軟性と勇気が試される。

冷戦最盛期における米軍の後方支援

1989年12月、米・ソ両首脳は**マルタ会談で冷戦の終結を宣言**した。冷戦最盛期の最前線は中部欧州で、米軍は2個軍団を西ドイツ(当時)に前方展開していた。西部欧州の各地に根拠地を設定し、主要装備や弾薬などの補給品を事前に集積して、有事における米本土からの増援部隊の受け入れに万全を期していた。

ソ連軍（当時）が西部欧州に侵攻した場合、前方配置の2個軍団と米本土から増援された10個師団が一体となって、縦深攻撃によりソ連軍を撃破する構想（エアランド・バトル・ドクトリン）だった。これを成り立たせる後方支援の系統は米本土の策源→西部欧州の根拠地→第一線部隊へと流れが確立されていた。

米軍は、例年、有事における増援部隊の緊急派遣訓練＝**リフォージャー演習**を実施して、有事に備えていた。リフォージャー（REFORGER）は「return of forces to Germany」に由来する頭字語で、北大西洋条約機構（NATO）の演習名である。

リフォージャー演習は兵站部門のナショナル・トレーニング・センターだった。米本土から到着する部隊は、ポンカス（POMCUS）と称される、NATO戦域内に事前集積されている装備品などを受領して訓練に参加した。

演習の実施により、兵站部門は、大規模部隊と装備を合衆国からヨーロッパへ集中・輸送する力量を実戦的に鍛えられた。**10個師団を10日間でヨーロッパへ輸送**するという必要性は、演習計画担当者および兵站システムに極限の努力を強いた。

過去のリフォージャー演習は、詳細な実行計画と広範囲の自動化にもかかわらず、演習開始以降は種々様々な状況が生起し、これを乗り越えるコツは「想定外を想定して即座に対応する能力」という教訓が残っている。

リフォージャー演習で十分に経験を積んだ兵站部門は、ドック管理（荷役：船荷の積み下ろし）から倉庫管理までを取り扱った。ナショナル・トレーニング・センターの演習が砂漠戦の最高の準備となったのと同じように、リフォージャー演習は米軍部隊をサウジアラビアに輸送する実戦的な訓練の場だった。

イラク軍の侵攻は想定外の戦域での突発事案だった

1990年8月2日午前2時、イラク軍部隊がクウェートの国境に殺到、クウェート軍旅団を瞬時に蹂躙、夕方頃までにクウェート・シティーの大半を占領した。その後、最精鋭部隊である3個重師団がサウジアラビアの国境沿いに展開して防御ラインを構成した。イラク軍は侵攻開始から48時間以内でクウェート全土を占領した。

イラク軍侵攻の6日後の8月8日、ジョージ・ブッシュ米大統領は、サウジアラビア・ファハド国王の招請により、サウジアラビア防衛とイラク軍侵攻抑止のために米軍部隊を派兵すると声明した。

想定外で、事前準備のない突発事案にどう立ち向かうか？

イラク軍のクウェート占領、サウジアラビアへの米軍部隊の緊急派遣は、ともに想定外の突発事案だった。1週間に満たないわずかの期間におけるホワイトハウスの即断即決は、見事というほかないほどの鮮やかさだった。アメリカ合衆国という国家の底力が遺憾なく発揮されたといえる。

何かあればあいつに任せようといえるだけの人材を組織内にプールできているか、またその人材を即座に動かせるか、組織の鼎（かなえ）の軽重が問われる場面だ。本書の主人公パゴニス中将は、まさにそのような後方支援部門のエキスパートだった。

軍隊の指揮・統率に優れた将帥はどの国にも少なからず存在するが、緊急非常時に即動できる後方支援の専門家となると、なかなか難しいのではないか。こういった面でも、米軍の懐（ふところ）の深さは驚異的だ。

ホワイトハウスは米軍部隊のサウジアラビア派遣を決定したが、サウジアラビアには、米軍部隊を受け入れる根拠地、受け入れ部隊、事前集積品などは皆無だった。**戦闘部隊の後方支援は、まったくの白紙状態からの開始**だった。しかも、イラク軍部隊はサウジアラビア国境沿いにすでに展開しており、いつでも侵攻が可能だった。

日本型の硬直した官僚組織では、突発事案の発生に際しても、既存の組織で対応することが一般的である。軌道に乗るまで時間がかかり、かつ縦割り組織の壁があり、即断即決で事がスムーズに進むことはまず考えられない。緊急時の米軍式マネジメントは、刮目すべきことが多くあり、参考にしたいものだ。

異次元のもらい受け人事

イラク軍の侵攻から1週間以内に湾岸戦争の主役を演ずるメンバーがそろった。彼らはコリン・パウエル大将（統合参謀本部議長）、H・シュワルツコフ大将（中央軍司令官—多国籍軍最高司令官）、ジョン・J・ヨソック中将（第3軍司令官—全陸上部隊の指揮官）、ウィリアム・ガス・パゴニス少将（後に中将、第22支援コマンド司令官）の4人だった。

アメリカ流マネジメントは、型にとらわれない柔軟性、大胆な抜擢人事、絶妙なチームワークなどで知られている。軍隊も例外ではなく、湾岸戦争の立ち上がりで、これらの特性が遺憾なく発揮された。

バーバ大将〔米国軍司令官〕と座って話していると、陸軍参謀総長のカール・E・ブオノ大将から電話が入った。バーバ大将は数分話をすると、受話器を手渡し私が直接、話をすることになった。参謀総長は簡潔に言った。

「ガス、向こうで必要なものを思いついたら、とにかく言ってもらいたい」

数人の専門家を連れていきたいと、私は答えた。私と一緒に働いたことがあり、私の管理スタイルを承知している連中で、さらに受け入れ、前進、維持の各段階のことをわかっている連中がいい。参謀総長は、希望する二〇人のリストを送るように言い、「希望どおりにする」というのである。（W・G・パゴニス『山・動く』）

パゴニス少将は石油と燃料の管理、受け入れ国（ホストネーション）との関係、港湾の運用、食糧サービスの管理、輸送など重要と考えられるすべての分野の専門家をリストアップし、近くにいた3人を直接引率してただちにサウジアラビアに向かった。

指名した20人はいずれもかつてパゴニスのもとで仕事をしたそれぞれの分野のエキスパートすなわち後方支援の専門家——大佐以下の兵站専門将校、准尉や曹長も含まれている——だった。彼ら全員がサウジアラビアのパゴニスのもとに集結したのは、イラク軍のクウェート侵攻11日後の8月13日だった。

餅は餅屋で――パゴニス流のダイナミックな手法

パゴニスは引率した部下に全幅の信頼を置いた。彼はチームを彼自身の拡張機能すなわち分身（ゴースト・バスター）として活用した。彼の代理人はかならずしも高位の階級ではなかった。それぞれが特定の兵站部門の専門家で、レッド・テープ＝官僚的形式主義とは無縁で、何か問題が起きるとその場で自ら解決した。

通常の作戦では、作戦部隊が戦略展開する前に、戦域にベースキャンプを設定して、到着する戦闘部隊を受け入れる要員・物資・施設などが事前に存在している。だが、湾岸戦争ではベースキャンプもなく、支援要員も物資も施設も皆無だった。

湾岸戦争の兵站を一身に担（にな）ったパゴニスと彼の兵站チームは当初わずか数人で、まさに徒手空拳で到着する戦闘部隊を受け入れた。その後、逐次態勢を整備し、最終的には兵員5万人を擁する「第22支援コマンド」として戦域全体の後方支援を担った。走りながら考え、かつ実行するるという典型例だ。

八月一一日の午後には、万策尽きてしまった。とにかく、いい知らせが欲しかった。と、突然、いいニュースが飛び込んできた。髪を短く刈った胸板の厚い男がオフィスに入ってきて、デービッド・ウェーリー大佐だと名乗った。バージニア州のフォート・ユースティスから到着した第七輸送群の指揮官で、三〇〇人の荷役労働者を連れて出頭してきたのだ。まさに完璧のタイミングだった。ディエゴ・ガルシアを出た六隻のうち最初の配備船が二日で到着する予定だった。配備船は軍隊として生き残るために必要な補給物資のすべてを積んでいる。荷下ろしは最優先の課題となるはずだった。(同前)

パゴニスは、大佐の部隊から3分の2を取り上げ、憲兵として、道路と飛行場の巡視、トラックとバスの交通整理の任務を与えた。大佐には残りの100人を引率してダンマーム港に行き、配備船の荷下ろしの準備をするよう指示した。すでに現場にいる受け入れ国の荷役労働者やクレーン操作員も大佐の指揮下に入れた。

2日後には到着する予定の配備船は、中東有事に備えて、**インド洋のディエゴ・ガルシアに配備されていた事前集積船**だった。各配備船は、戦域に「基地が無い」軍を支援するために必要な品目のほとんどを、少なくとも最低限の量は積載していた。
配備船が到着すれば、荷下ろし、保管、仕分け、部隊への交付などの複雑な仕事が待っている。通常であればこれらを行なう部隊が待ち構えているが、ダンマーム港にはいかなる部隊も存在していなかった。パゴニスはまさにゼロからの態勢でこれらを開始しなければならなかった。
ウェーリー大佐が顔を出す直前、サウジアラビア戦域の後方支援部隊は、パゴニス少将と彼が引率した3人の合計4人がすべてだった。ウェーリー大佐から200人を強奪した直後の8月12日の夜半前、待ち望んでいたパゴニスの腹心たちがリヤドに到着し、翌日の真夜中頃にパゴニスが腰を据えていたダーランの本部に出頭した。

最初の会議がそのまま任務を割り当てる会議に早変わりした。きっかけは、ウェスリー・ウルフ准尉が、食料サービスに経験が豊富だと語ったことだった。「よろしい。君が担当だ。食料を見つけて部隊に食べさせてやってくれ」と、私は命じた。

（中略）

全員が知り合い、任務が割り当てられると、昇進待ちのリストに載っている者に挙手させた。（中略）昇進可能な士官がより高い権限のある立場に配置される場合には、「仮の昇進」が許される。つまり、俸給はそのままで、より高い階級に昇進するのである。事情を勘案すべき状況だと考え、また米軍およびサウジアラビアの当局と渡り合う際に階級は高いほうがいいことはわかっていたので、私はその場で大量の仮昇進を承認した。（同前）

強奪人事、その場での任務付与、仮昇進のいずれも戦時の米軍らしいダイナミックな手法で、私などは読んでいてため息が出る。仮昇進は「フィールド・プロモーション」という荒業(あらわざ)だが、シュワルツコフもパゴニスを中将に昇進させている。非常時には非常時にふさわしいやり方があって当然だ。

パゴニスのアド・ホック兵站

一般的な戦術常識では、戦闘部隊が展開する前に、戦域にベースキャンプ（根拠地）を設定して、到着する戦闘部隊を受け入れる態勢が整っている。だが、湾岸戦争ではベースキャンプもなく支援要員などもゼロだった。当初、パゴニスと彼の兵站チームはわずか数人で、戦闘部隊を受け入れざるを得なかった。

イラク軍の侵攻も想定される状況下では、到着する部隊は即座に戦闘力が発揮できなければならない。サウジアラビアでは従来型の戦域構成は不可能で、当意即妙の解決策が求められ、パゴニスは「ブロック（積み木）方式」で戦域を建設した。

部隊の展開が決まると、最も重要な支援は、戦闘部隊の造成速度を最大限に確保するために何をいつ行なうかに集約すべきだ。何を送るかという初期段階の決定は、受け取る側の戦闘効率に直接影響するからだ。

パゴニスは、より効率的な通信、より良質でより多く作成できるデータ生成システム、そしてより即応性の高い海上・航空輸送を実現できるテクノロジーを駆使して、規律があり管理された当意即妙なやり方で戦域を建設した。

事前準備が整っていない戦域へ短期間で展開する場合、圧倒的多数の予備戦闘サービス支援部隊を抽出できる柔軟性が求められる。また前方（港湾、空港、補給点）の能力を最大限発揮するためには、独立的な兵站ブロックを形成することが必要だ。兵站ブロックがひとたび地上に開設されたならば、到着する戦闘部隊の所要に対応しながら、兵站ブロックを集約して、管理負担を最小限にしなければならない。

パゴニスは、もっとも複雑な兵站の諸問題を構成部分に細分化し、一貫した方針で1つずつ解決するという彼の仕事の流儀と気質から、システム・アナリストといえる。また、彼のことをよく知らない者はパゴニスをマイクロマネジメントおよび過度集中化と中傷するが、彼は、実態はミニマリストである。

彼は大量のデータを集積・保管し、それを「積み木型兵站理論」に適用することができた。彼のやり方は、現実には、任務に応じて必要とする部隊に適切な支援を適時に届ける、というマネジメント理論の〝適時性〟の軍事応用だった。

一九七一年ごろから陸軍参謀総長クレイトン・エイブラムズ大将らは、後に総合戦力構想〔トータル・アーミー構想〕として知られる計画の立案に着手した。なかでも、この構想は、陸軍の戦闘および歩兵部隊の大半を正規の現役兵士でまかない、フォークリフト操作やトラック運転など多くの非軍事技術が直接、軍務支援につながる後方支援要員は予備役でまかなうと規定していた。また、総合戦力構想は、中途半端に戦争を遂行するのでなく、政治過程全体をあげて軍事行動にかかわらせる方法ととらえられた。この発想は理にかなっていた。もし戦争が支援要員なしでは遂行できないものなら、そしてもし支援要員の大半が予備役だとするなら、政治家が率先して予備役を動員しようとしないかぎり、まともな戦争を遂行できないことになる。それがまさに起こったのが湾岸戦争だった。

（中略）

私の部隊が任務をうまく遂行できたのは、柔軟でよく訓練された予備役（州兵と予備部隊）の人々に負うところが大きい。こうした有能な人材を陸軍に集められたのは、総合戦力構想の直接の成果である。湾岸危機の真っただ中、第二二後方支援司令部〔第22支援コマンド〕は優に七〇パーセントを超す人員を予備役から集めていた。そうすることができたのは、まさに幸運だった。（同前）

米陸軍の後方支援体制は州兵と陸軍予備に負うことが大である。

彼らの招集には大統領による動員が不可欠だ。「砂漠の盾作戦」の立ち上がり時、中央軍の計画担当者は、大統領が戦域陸軍地域コマンド（TAACOM）の要員を完全充足できる4万8000人の予備役を9月1日までに招集することを認めるか、を大いに危惧（きぐ）した。

予備役招集の第一優先は、現役部隊の中で即応態勢になっていない港湾荷役要員、通信特技要員、ならびに衛生技術要員のような重要な実務要員を部隊に配置することだった。このような人員不足の中で、パゴニスの選抜チームは、必然的に、部隊の移動と支援を保証できる機能を完全に備えた、アド・ホック戦域陸軍地区コマンド（臨機的な司令部）の幕僚とならざるを得なかった。

ブッシュ大統領が予備役の限定的な動員を認可した8月22日までには、暫定的な第22支援コマンドはすでに運用を開始し、その機能を十分に発揮していた。8月19日、ヨソック中将は、パゴニス少将——1991年1月に中将に昇進——を第22暫定支援コマンド司令官に任命した。

エイブラムス戦車の最新化

後方支援部隊は最善を尽くして戦闘部隊の戦闘力を維持するが、戦闘に決着をつけるのは戦闘装備の質である。湾岸戦争当時の地上戦を決する装備は戦車であり、イラク軍は旧ソ連製の強力なT-72戦車を装備していた。

参謀総長ブオノ大将は部隊に可能なかぎり最高の戦闘装備を与えるよう決意していた。

彼は、イラク軍T‐72M1戦車を圧倒するために、M‐1エイブラムス（105ミリ戦車砲）を120ミリ戦車砲に換装することを重視した。

ブオノ参謀総長は在欧米陸軍に対して、783両のM‐1A1戦車（120ミリ戦車砲）を、サウジアラビアに展開する第18空挺軍団と第7軍団の戦車部隊が装備する旧式のM‐1戦車（105ミリ戦車砲）と換装するよう求めた。初期の評価によれば、イラク軍戦車の脅威に対して、M‐1A1戦車の戦闘力はM1戦車の概略2倍だった。

戦域内の装備の最新化という考え方は満場一致で歓迎されたわけではないが、最終的にシュワルツコフ将軍が最新化プログラムに同意した。陸軍資材コマンド（AMC）は、1990年11月6日から1991年1月15日にかけて、戦域内M‐1A1換装計画を成功裏に終えた。「砂漠の盾作戦」と「砂漠の嵐作戦」を通じて、**AMCは1032両のM‐1A1戦車をグレードアップした。**

AMC〔陸軍資材コマンド〕は国内の要員補充所から数百人の民間人志願者をつのり、ダンマム港に「戦車換装工場」を設営して作業をすることになった。志願してくれたのはあらゆる年齢層の男女で、到着すると昼夜の別なく、一日二四時間、週七日、働き続けた。おかげで、換装時間は予定より二五パーセント短縮され、出来栄えも最高水準のものだった。

これは偶然ではなかった。ＡＭＣの民間人チームが到着すると、私は会いにいき、総合的品質管理の必要性を説いた。換装された戦車は、例外なく、百パーセント完全に使えるようになっていなければならなかった。幼いころ父が「金曜日に造られた車は絶対に買うな」といつも言っていたという話をした。そして、この戦域には金曜日があってはならないこと、また各人が品質管理の専門家になってほしいと要請した。（同前）

９４８両の戦車換装と再塗装が終わったのは、地上戦が始まる2日前だった。パゴニスの言によると、実際の戦闘で不発だった１２０ミリ砲は１つとしてなかったようだ。パゴニスは「米国の品質管理にとって最良のときだった」と自負している。

また、シュワルツコフ最高司令官は戦車の長距離運搬手段の配備を要求し、これに応えてＡＭＣは１０５９両の重器材運搬車（ＨＥＴ：トランスポーター）を備蓄倉庫、非展開常備部隊、訓練センターからかき集めた。パゴニスの幕僚は、これに加えて３３３両をホストネーション・サポートとして契約した。

冷戦が終わったことを象徴するような皮肉なエピソードがある。

ＡＭＣは２７０両以上の重器材運搬車をチェコスロバキア、旧東ドイツ、ポーランドを含む旧ワルシャワ条約機構国内で探し出して契約を結んだ。これらの重器材運搬車はソ連軍戦車を米軍との戦闘のために運搬するものだったが、ソ連製戦車を装備するイラク軍と戦うためにサウジアラビア国内で米軍戦車を運搬することになったのだ。

補給に関するエピソード

現代の師団は、第2次大戦当時の野戦軍（数個軍団）に匹敵する物資を消費する。

湾岸戦争初期の「砂漠の盾作戦」では、米陸軍の各師団は、毎日、34万５０００ガロンの**ディーゼル燃料**、５万ガロンの**航空燃料**、21万３０００ガロンの水を消費した。ちなみに１ガロンは３・７８５リットルである。また障害資材から弾薬までの補給品は40フィート・トレーラ車２０８両分が必要だった。

４日間の陸上戦闘「砂漠の嵐作戦」に参加した１個師団の燃料消費量は、アメリカ仕様の55ガロンドラム缶（約２０８リットル）に換算すると、概略４万３６００本である。現代の機械化された師団がいかに大食いであるかを証明している。このような膨大な補給を常時確保しなければ、近代的な軍隊の戦闘力は維持できない。

砂漠戦用戦闘服に関わる興味深いエピソードがある。

米陸軍には戦時に完全1個軍団に砂漠戦用戦闘服を兵士1人につき2着支給できるだけの予備ストックがあった。1991年9月、ヨソック中将（中央軍の陸軍部隊司令官）は全兵士に4個セットの砂漠戦用戦闘服を支給せよと指示した。それは予備ストックの10倍の補給量だった。

同年11月、ヨーロッパから展開する第7軍団（攻勢作戦の主力となる部隊）の展開リストに兵士14万5000人が追加されたが、予備ストックには20万人分を製造できる砂漠戦用迷彩服の生地しかなかった。新しい生地を製造している間に、国防人事支援センターはフィラデルフィア需品補給所で予備ストックを使用して縫製を開始した。

こうしている間に、国防兵站機関は米国アパレルのラングラー・ジーンズ社と合衆国内の13社と契約を結び、1991年2月までに、ラングラー・ジーンズ社などは月産30万着の砂漠戦用戦闘服を製造するようになっていた。このような驚異的な努力にもかかわらず、生産は需要に追いつけず、第7軍団のほとんどの兵士はダーク・グリーンの戦闘服との重ね着で戦闘に参加した。

酷熱の戦域では**糧食の補給**も困難な問題だった。

１９９1年1月、米陸軍――国防総省糧食・水供給機関――は戦域内の全軍種43万５０００人に給食するために３９２０万食／月を補給しなければならなかった。これに加えて、最高司令官は、非常用として60日分の予備糧食の備蓄――通常の必要量に倍する７８４０万食――を要求した。

60日分の追加補給は１９９2年5月以前には達成できないことがわかり、国防人事支援センターは単刀直入に全国規模の一般商品に手を広げた。

マイクロ波のお陰で、商用食品の保存テクノロジーは戦争に先立つ10年間で、長足の進歩をとげていた。〝ランチ・バケット〟や〝ディンティ・ムーア〟のような個々にパッケージされた商品は美味で、すでに若い兵士たちにはおなじみであった。そしてそれ自体は品質をそこなうことなく比較的長期間保存できた。

商用商品は、少なくとも最初は、食事時間にいろどりを添え、そしてインスタント食品として多くの兵士に好まれた。陸軍は、戦争終結以前に、２４００万食の商用商品を購入し、そして2月までに要求された60日分の予備ストック用として管理した。

作戦の後始末

一般的な戦記は作戦・戦闘の終了をもって完結する場合が大半だが、『山・動く』には作戦終了後の最難関の段階として「砂漠の送別作戦（Operation Desert Farewell）」の概要が記述されている。

後方支援専門家の観点から見ると、湾岸戦争で最も困難だったのは最後の段階、すなわち部隊の撤退である。「砂漠の送別」と名づけられた退却行動は、サフワンで停戦協定が調印されるのとほぼ同時に始まった。戦争目的を支援するために精根尽きるほど努力してきた後、今度はまったく逆方向に全力投球しなければならなかった。消火ホースから一転して掃除機にならなければならなかった。一瞬たりとも無駄にすることなく、人員、補給品と器材を砂漠から飛行場と港に移動させ、サウジアラビアから輸送しなければならなかったのである。（同前）

「砂漠の送別作戦」は2段階で構成されていた。

第1段階……戦闘部隊の兵員と装備の撤退。「砂漠の嵐作戦」に参加した2個軍団（第18

空挺軍団、第7軍団）のおよそ36万5０００人の兵員と戦車、大砲、弾薬などを、３カ月以内にヨーロッパと米本国に移動させる。

第2段階……戦闘部隊が残置する全資材を撤収する。最初に撤退する2個軍団が残置する器材と補給品のすべてを記録し、分類し、洗浄して船と輸送機に積載・搭載する。この作業には1年以上の期間が見込まれた。

物資の積載には長期的な見通しをもって臨んだ。もちろん、資材の一部は元どおり海上事前配備船に積み込み、インド洋上の準備態勢に戻すことになった。（中略）ほかの物資と器材は欧州、アジア、中南米全域の米軍基地に輸送されることになった。一つには、湾岸への補給で底をついた備蓄を補うためだ。クウェートが、限定量だが軍事物資の供給を要請してきていた。それ以外は、すべて米国に送り返さなければならなかった。（同前）

「砂漠の送別作戦」開始後の１２０日で、11万7０００両の装輪車両と1万2０００両の装軌車両、２０００機のヘリコプター、4万1０００個の補給用コンテナが洗浄されてサウジアラビアから送り出された。

1991年末頃に残っていたのは、約2万7000トンの弾薬のみで、これらは民間の請け負い業者の力を借りて搬出することになっていた。

1992年1月、パゴニス中将は後任のエド・ブラウン准将に席を譲ってサウジアラビア戦域を離れて帰国した。「砂漠の送別作戦」は予定より半年早く終了した。

『山・動く』には、突発的な戦争の発生に対する、平時から有事への劇的な態勢の切り替えが具体的に語られている。抜擢人事、もらい受け人事、仮昇任、ヒエラルキーを無視した実力本位の任務付与など、すべて勝つための処方箋だ。

瞠目（どうもく）すべきは、平時における事前集積船の配備、リフォージャー演習のような大規模訓練の積み上げ、戦時の後方支援組織を立ち上げるための制度（州兵、予備部隊）など米軍が平時から有事を想定して準備を周到に行なっていることだ。わが国に欠落している、平時の備えと有事へのダイナミックな切り替え、を見習いたいものだ。

第5章

戦場心理

戦場は兵士の心身を蝕む

戦闘は死の恐怖、摩擦、霧、偶然などがからんだ最も複雑な人（指揮官、幕僚、兵士）の活動の最たるものだ。熾烈（しれつ）な火力戦と戦場の自然環境（酷暑、酷寒、湿気、極端な乾燥など）は兵士の心身に強烈なストレスを与える。また軍隊が健全性を失うと、兵士は人間性を喪失して、狂気に駆（か）られて殺人マシーンとなる。

次ページの図表は、①戦闘・作戦ストレスが兵士に及ぼす影響②ストレスに起因する不法・犯罪行為③ストレスに順応するための部隊と個人の反応④作戦・戦闘終了後の長期間に及ぶストレス反応をまとめたものである。本章で述べたいことは、この一覧表にすべてが凝縮されている。

戦術の学習といえば、一般的に、攻撃・防御などの戦闘行動、情報・兵站など戦闘行動の基盤となる活動、指揮官の状況判断などが中心となる。しかしながら、戦場という極限の場における兵士の戦場心理を無視しては、いかなる作戦・戦闘も成り立たないということもまた厳粛な事実だ。

このような意味から、本章では『戦争における「人殺し」の心理学』（デーヴ・グロスマン著）と『動くものはすべて殺せ』（ニック・タース著）の2冊を取り上げる。

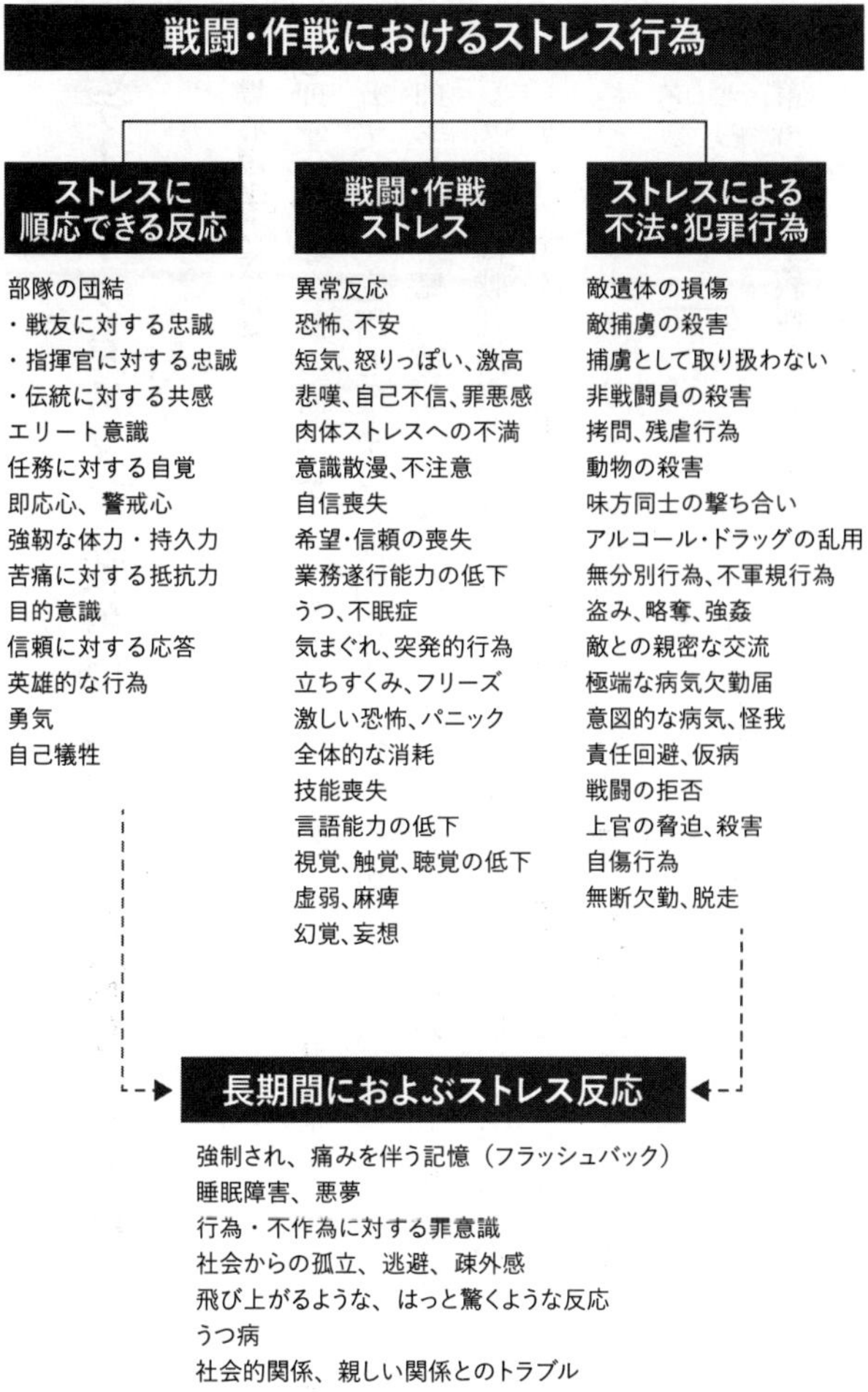

戦闘・作戦におけるストレス行為

ストレスに順応できる反応

部隊の団結
・戦友に対する忠誠
・指揮官に対する忠誠
・伝統に対する共感
エリート意識
任務に対する自覚
即応心、警戒心
強靭な体力・持久力
苦痛に対する抵抗力
目的意識
信頼に対する応答
英雄的な行為
勇気
自己犠牲

戦闘・作戦ストレス

異常反応
恐怖、不安
短気、怒りっぽい、激高
悲嘆、自己不信、罪悪感
肉体ストレスへの不満
意識散漫、不注意
自信喪失
希望・信頼の喪失
業務遂行能力の低下
うつ、不眠症
気まぐれ、突発的行為
立ちすくみ、フリーズ
激しい恐怖、パニック
全体的な消耗
技能喪失
言語能力の低下
視覚、触覚、聴覚の低下
虚弱、麻痺
幻覚、妄想

ストレスによる不法・犯罪行為

敵遺体の損傷
敵捕虜の殺害
捕虜として取り扱わない
非戦闘員の殺害
拷問、残虐行為
動物の殺害
味方同士の撃ち合い
アルコール・ドラッグの乱用
無分別行為、不軍規行為
盗み、略奪、強姦
敵との親密な交流
極端な病気欠勤届
意図的な病気、怪我
責任回避、仮病
戦闘の拒否
上官の脅迫、殺害
自傷行為
無断欠勤、脱走

長期間におよぶストレス反応

強制され、痛みを伴う記憶（フラッシュバック）
睡眠障害、悪夢
行為・不作為に対する罪意識
社会からの孤立、逃避、疎外感
飛び上がるような、はっと驚くような反応
うつ病
社会的関係、親しい関係とのトラブル

出典：FM4-02.51 Combat and Operational Stress Control

12 デーヴ・グロスマン『戦争における「人殺し」の心理学』

戦場心理学の教科書

心理学は心と行動の研究（アメリカ心理学会の定義）であり、基礎心理学と応用心理学に分かれている。応用心理学の一部門に軍事心理学（国防心理学、戦場心理学）がある。戦術と心理学とは一見、結びつかないが、実は大いに関係があるのだ。なぜかと言えば、戦闘ストレス患者は戦死傷者と同様に戦闘力そのものに決定的な影響を与えるからだ。

デーヴ・グロスマン『戦争における「人殺し」の心理学』は、ウエストポイント陸軍士官学校やコロラドスプリングス空軍士官学校などで、戦場心理学の教科書として使用されている

著者のデーヴ・グロスマンは兵士からたたき上げた生粋（きっすい）の軍人で、陸軍士官学校の心理学・軍事社会学教授、アーカンソー州立大学の軍事学教授、軍事学部学科長などを歴任している。またアーカンソー州立大学では、予備役将校訓練課程（ＲＯＴＣ）で幹部候補生

を志願した大学生の教育訓練を担当した。

グロスマンは、本書執筆の目的を「戦闘における殺人の心理学的な側面を理解し、国の呼びかけに応え、人を殺した――あるいは代償を支払っても殺さないことを選んだ――男たちの、心理的な傷と傷痕を探ることである」と明記している。

同書は全体が8部で構成され、前半の4部が「戦闘・作戦ストレスが兵士に及ぼす影響」、後半の4部が「ストレスに起因する不法・犯罪行為」に関する内容となっている。兵士個々人の行為・心理（殺す、殺される）が主要命題であり、必ずしも作戦・戦闘における戦場心理に限定したものではない。

わが国には日本語で読める「戦場心理学」に関する文献がほとんどない。このような意味で、『戦争における「人殺し」の心理学』は貴重な一書だ。特に「第二部　殺人と戦闘の心的外傷」は、戦闘ストレスがメイン・テーマであり、戦術研究に避けることができない分野だ。後半の不法・犯罪行為については、ベトナム戦争に取材した⑬『動くものはすべて殺せ』で取り上げる。

戦闘における疲労困憊

グロスマンは、心理学者F・C・バートレットの説を引用して、「戦場においては、長期的で深刻な疲労状態ほど、神経疾患や精神疾患を大量に生み出す全般的な条件はほかにない」と断言している。疲労困憊(こんぱい)の原因として、①継続的な戦闘環境から引き起こされるストレスによる生理的興奮、②累積的な睡眠不足、③カロリー摂取量の減少、④雨、暑さ、寒さ、夜の闇などの自然条件による影響を挙げている。

戦闘のストレスに対する生理的反応がいかに強烈か理解するには、交感神経系によるエネルギーの動員、そしてその後に起きる副交感神経系による揺り戻し反応の影響を理解しなければならない。

交感神経系の役割は、行動を起こすために必要なエネルギーを全身から動員してくることだ。いっぽう副交感神経系は消化と回復を担当している。(デーヴ・グロスマン『戦争における「人殺し」の心理学』)

通常の状態では、交感神経系と副交感神経系によって、身体のエネルギー需要の全体バランスが保たれている。戦闘でストレスが極度に高まると、交感神経系が全身のエネルギーを総動員する。このために、戦闘中は、急を要さない活動（消化、膀胱の制御、括約筋の制御など）が完全に放棄される。ストレス性の下痢が頻発し、尿や便の失禁が起きるのはそのためだ。

ナポレオンは、最も危険な瞬間は勝利の直後であると言っている。攻撃がやんで、これでもう安全だと思ったとたん、副交感神経系の揺り戻しが起き、生理的にも心理的にも身動きがとれなくなる。さすがというべきか、ナポレオンはそのことを知っていたのである。この無防備な瞬間に新たな軍勢から反撃を仕掛けられれば、その軍勢の規模からは考えられないような大きな打撃をこうむる恐れがある。（同前）

グロスマンは「戦闘の際、つねに元気な補充兵を維持しなければならないのは、基本的にはこのためだ。どちらが補充兵を最後まで維持でき投入できるか、それが戦闘の帰趨を決することも少なくない」と断じている。「元気な補充兵」とは新鋭の予備隊のことであり、いわば作戦・戦闘に決着をつける部隊のことだ。

交感神経系と副交感神経系とを予備隊の重要性と結びつけたグロスマンの指摘は、まさに刮目に値する斬新な視点だ。私たち日本人には、〝予備隊〟とは余分なものという後ろ向きの発想があるが、欧米の軍隊は予備隊を決戦力として重視している。

グロスマンの説を証明する格好の戦例がある。

天才ナポレオンが**マレンゴ会戦（1800年6月14日）**で状況判断を誤り、午後3時～4時頃、フランス軍はオーストリア軍の攻撃を支えきれずに総崩れとなった。

午後2時頃、ナポレオンがサン・ジュリアーノ（マレンゴの東方約6キロメートル）付近の小丘に進出したときには、手の打ちようがなかった。そのようなとき、ドゥゼ軍団は戦場のはるか西南方をセッラヴァッレ（軍団の前進目標）に向かって行軍していた。

午後3時頃、オーストリア軍司令官メラス将軍は「勝った」と確信し、戦場追撃を参謀長にまかせて、根拠地のアレッサンドリアに引き上げた。

この間、ドゥゼ軍団長は独断で砲声のする方向へ反転し、午後5時頃にナポレオンの掌握下に入った。この危機的な状況で、ナポレオンは敗走するフランス軍を掌握し、態勢を立て直し、午後6時頃、ドゥゼ軍団を中心として反撃に転じた。

オーストリア軍にとっては予期しない奇襲となった。ナポレオンは断固として攻撃を命じ、形勢を一気に逆転した。副交感神経系の揺り戻し効果だった。ドゥゼ軍団がグロスマンの言う「元気な補充兵」だった。

私は「ナポレオンはそのことを知っていたのである。この無防備な瞬間に新たな軍勢から反撃を仕掛けられれば、その軍勢の規模からは考えられないような大きな打撃をこうむる恐れがある」という数行を発見しただけで、グロスマンに最大の敬意を表する。

第4次中東戦争で注目された戦闘ストレス

まず、戦闘ストレスのイメージを明らかにしておく。

日本陸軍が、近代戦が火力戦であることの現実に直面したのは、昭和14（1939）年のノモンハン事件だった。ソ連軍の8月攻勢で、日本軍の最右翼に位置していた捜索隊第1中隊は、戦闘詳報で「砲弾の落下は概（おおむ）ね1分間120発を算し、また陣地1平方メートルに21発の割合」と、そのすさまじい火力戦の状況を報告している。

レイテ島作戦に第1師団／歩兵第57聯隊・大隊長として参加、リモン峠の激戦を生きぬいた長嶺秀雄（ながみねひでお）は、著書『戦場　学んだこと、伝えたいこと』で、「わが大隊の陣地など毎日数千発の砲弾を受ける状況だった」と証言している。

米陸軍が戦闘ストレスに重大な関心を寄せるようになったのは、1973年の十月戦争（第4次中東戦争）だった。イスラエル国防軍（IDF）で戦闘ストレス患者が大量に発生し――戦死傷者の3分の1――、その影響は甚大だった。

今日、西側のいかなる国の陸軍も、戦闘ストレス患者の発生予防・治療を専任とする組織を持っていないが、このような現状はきわめて問題である。近代兵器の高破壊力が戦死傷者を増加させるのと同時に、兵員の精神に混乱をもたらす機会と体験が増加するであろうことは疑問の余地がない。さらに、恐怖やショックのために戦闘能力を失った一兵士は、敵弾に倒れた一兵士が部隊全体の任務遂行に大きな影響を与えるのと同様の意味を持つ。現代戦の様相から、陸軍は、戦闘ストレス患者の発生をどのようにして予防し、治療するか、という問題を避けて通ることはできない。（陸軍ゲイブリエル少佐の論文『戦闘ストレス患者の現場治療』、「ARMOR」誌1982年2月号、筆者訳）

第4次中東戦争は、北大西洋条約機構（NATO）軍とワルシャワ条約機構（WP）軍が装備している近代兵器を、双方ともに保有する部隊間で戦われた初めての大規模な衝突で、戦闘はあまりにも血みどろで、激烈で、かつ接近戦であった。この意味で、この戦闘は将来を見通す格好の窓だった。

IDFは十月戦争後に参謀総長直轄機関として「心理行動科学部」を創設し、第一線師団に「戦闘心理官（バトル・サイコロジスト）チーム」を編成した。西側陸軍としては初めての試みであり、画期的だった。

心理行動科学部……各種調査質問集の起草、全野外データの分析、予防・治療のための戦略の開発、野外における戦闘心理官チームの行動の統制・調整が主要な任務。

戦闘心理官チーム……師団レベルでは6人の戦闘心理官と1人の軍牧師で構成し、師団内の旅団に2人の戦闘心理官を派遣した。彼らは、旅団長以下各級指揮官および中央幕僚機構に対して、戦闘ストレス患者の発生予防と治療の責任を負う。

ゲイブリエル少佐の論文は、患者治療の方法——仮眠、食事、衣服の交換、覚醒後に戦闘心理官と徹底して話し合うことなど——や、レバノン侵攻時（1982年）における戦闘心理官チームの有効性などを、具体的なデータに基づいて述べている。

現場治療は戦闘地域の少し後方の安全地帯で行なわれ、患者の80パーセントが原隊に復帰し、原隊にいる限り再発はほとんどなかった。残りの20パーセントは後方の特別センターに送られたが、前線に復帰したものはいなかった。

PTSDはベトナム戦争の負の遺産

PTSD（心的外傷後ストレス障害）は昔からある病気で、その現れ方はさまざまである。わが国では、イラクのサマワに派遣された自衛官の帰還隊員にこの症状が見られ、PTSDという病気の存在が注目を浴びるようになった。

ベトナム戦争はアメリカの悪夢で、帰還兵に大量のPTSD患者を生んだ。患者のほとんどは強度の高い戦闘状況に参加した帰還兵だ。PTSDの症状は、問題の経験が夢や回想として繰り返し襲ってくる、感情の鈍麻（どんま）、社会的な引きこもり、親密な関係を結んだり維持したりする能力または気力の欠如、睡眠障害などがある。

このような症状のために、一般社会への再適応が非常に困難になり、精神安定剤の服用、アルコール依存症、夫婦間の不和、離婚、失業、心臓病、高血圧、潰瘍（かいよう）などの結果につながる傾向がある。トラウマを受けた後、症状は何カ月も、あるいは何年間も続く。また長い期間を経てから発症する場合も多い。

PTSDに苦しむベトナム帰還兵の数に関しては、下は傷病アメリカ復員軍人会の五〇万から、上は一九八〇年のハリス・アンド・アソシエーツの一五〇万までさまざまに推計されている。率になおせば、ベトナムで従軍した二八〇万の軍人のうち一八〜五四パーセントということになる。（同前）

グロスマンは「兵士と社会がこうむる心理的な現象とその影響に、率直に、知的に、道義的に対処する義務を社会は負わねばならない。主としてこの心理的プロセスが、そしてそれにまつわる意味が知られていなかったために、ベトナム帰還兵の場合には社会はその義務を怠った」と言う。

ベトナム戦争中、そして戦争直後、アメリカの社会は何百万という帰還兵を殺人の従犯として裁き、有罪の判決を下した。怯（おび）え、混乱した帰還兵の多く、いやほとんどは、メディアに煽られた社会のでっちあげの有罪判決を正当な判決と受け入れ、心の

なかの最悪の監獄にみずからを閉じ込めてしまった。その監獄の名はPTSDという。（同前）

２００３〜09年の６年間イラクに派遣された陸・海・空自衛官９３１０人のうち29人が在職中に自殺し、その大半はPTSDが原因だった。２００４〜06年にかけて、陸上自衛員５４８０人が、人道復興支援活動としてイラク・サマワに派遣された。派遣された隊員のうち21人が在職中に自殺している。

13 ニック・タース『動くものはすべて殺せ』

戦場の暗部をえぐり出した本

2013年にアメリカで刊行され、2015年に日本語で翻訳・出版された、戦場での犯罪をえぐり出した書籍がある。ニック・タース『動くものはすべて殺せ』だ。

同書は米兵がベトナム戦争で犯した戦争犯罪をテーマとするノンフィクション作品だ。原題は「KILL ANYTHING THAT MOVES」、サブタイトルは「The Real American War in Vietnam」となっている。

ベトナム戦争で、規律、モラル、人間性を失った軍隊（ベトナム派遣軍）は、戦線がなく敵の顔が見えない南ベトナムの全域で、無差別に、文字通りの所業——動くものはすべて殺せ——を行なっていたのだ。著者のニック・タースは、公的資料に基づく丁寧な取材により、その実態をリアルに描いている。

軍隊の健全性を表すメルクマール（基準）は規律・士気・団結である。これは世界中のどの軍隊にも共通し、これらが失われると何が起きるか？ 215ページに掲げた図表を見ていただきたい。右側に列挙した「ストレスによる不法・犯罪行為」がその答えで、『動くものはすべて殺せ』にその具体例が詳しく書かれている。

著者のニック・タースは、1975年生まれの調査ジャーナリストで、社会医学の博士号をもつベトナム戦争を専門とする歴史学者である。彼は大学院生の時代からおよそ10年間をかけて歴史調査を積み重ねた。彼は政府、軍、民間に眠っていた公的資料を掘り起こし、ベトナム帰還兵と対話し、実際に犯罪が起きたベトナムの現地を訪問して関係者と会い、事実を1つひとつ検証している。

ベトナム戦争中の戦争犯罪についての断片的な記事は数多く見られるが、軍の捜査記録をもとにベトナム戦争における戦争犯罪を書いたのは、同書を嚆矢とする。本書により戦争犯罪の全体像が明らかになったのは画期的だった。

2013年に『動くものはすべて殺せ』が出版されると、アメリカではベトナム戦争の忌まわしい実態が改めて注目された。ベトナム戦争は、従軍した若い兵士とアメリカ社会に深刻な後遺症をもたらしたが、ベトナムに派遣された軍隊が犯した犯罪は闇に葬られていた。秘匿されていた多くの事例が、同書によって白日の下に晒され、ベトナムの戦場で米軍が何をしたのかが改めて注目された。

出版後には、「説得力のある議論」（ワシントンポスト紙）、「必読の書。パラダイムシフトを迫る画期的な戦争史だ……数十年を経たいまもなお、アメリカ人はベトナムから教訓を学んでいない」（サンフランシスコ・クロニクル紙）、「凄惨きわまる戦争に深く切り込んだ取材をし……豊富な証拠資料を用いて細部にいたるまでていねいに書き込んでいる」（パブリッシャーズ・ウィークリー誌）などと、各メディアで高い評価を受けた。

残虐行為とは、非戦闘員——戦うことを放棄・降伏した兵士、民間人など——を殺すことをいう。現代戦とくにＬＩＣ（低強度紛争）における対ゲリラ戦、対テロ戦などでは、戦闘員と民間人を区別することが困難という現実がある。

残虐行為は、古来、戦争につきものだが、正直なところ目を背けたくなる。だが、人間としてやってはいけない行為、許されない行為であり、特に軍隊を指揮統率する立場にある者は、戦場における残虐行為を看過してはいけない。『動くものはすべて殺せ』には戦争犯罪のすべてが余すところなく書かれている。

ベトナム戦争は10代の戦争

ベトナム戦争に参加した米軍兵士の中央年齢——最も対象者の数の多い年齢——は19歳だった。彼らのほとんどは18歳で徴集され、補充員としてベトナムに送られ、服務期間は12カ月（海兵隊は13カ月）だった。第2次大戦での中央年齢26歳と比べると、ベトナムの戦場に送られた米軍兵士の若さがきわだっている。なぜこんなことになったのか？

1963年11月22日ケネディ大統領がダラスで暗殺された。ケネディはベトナムからの撤退を計画していたが、後任のジョンソン大統領は北ベトナムとの直接対決に踏み切り、ベトナム戦争は一気にアメリカの戦争へと拡大し発展した。

マクナマラ国防長官（当時）は1966年初期までに追加の10万人の兵員が必要となることを認めて、統合参謀本部議長の同意を得て、23万5000人の陸軍予備・州兵の招集と常備軍を37万5000人に増強することを主唱した。

しかしながら、ジョンソン大統領はこの実行を強く拒否した。戦争のための一部動員といえどもソ連・中国との危険な対立を招きかねないという理由だった。当時のアメリカは徴兵制で、兵員の増強を徴集兵の新兵に頼ったのだ。

別の帰還兵はこう言っている。「一一カ月をかけて、わたしは殺人をするように訓練されました。八週間の基礎訓練期間のあいだもずっと「殺せ、殺せ、殺せ」と叫んでいたんです。だからベトナムに行ったときにはいつでもすぐに人を殺せるような気がしていました」わたしが話を聞いた別の帰還兵は、基礎訓練期間中も、上級歩兵訓練中も、長距離偵察巡視訓練のあいだも、「殺せ、殺せ、殺せ」と唱えつづけていたので、すっかり、「洗脳された」ような気分になったと語っていた。（ニック・タース『動くものはすべて殺せ』）

ベトナム戦争以前も以降も、新兵は部隊に所属して部隊で訓練した後に戦闘に参加した。ベトナム戦争では18歳の徴集兵が短期間のローテーションでいきなり個人として補充され、部隊として団結し訓練するいとますらなかった。したがって、戦場では、20歳に満たない戦闘員による「10代の戦争」が常態だった。下士官学校を終えた軍曹も、幹部候補生学校を終了した少尉も、ほとんど実地の経験がないままに戦地に送られた。

ボディカウントという呪縛

ベトナム戦争関連の記事を読んでいると、いたるところで〝ボディカウント（死体数）〟という用語にぶつかる。ボディカウントを増やせという圧力は、国防総省→ウェストモーランド将軍（ベトナム派遣軍最高司令官）→第一線部隊→兵士へと流れた。多数の敵を殺すことは、士官にとって昇進の必須条件だった。ボディカウントは「成功を測る唯一の物差し」（アラン・エントーヴェン国防次官補）となり、部隊のノルマとなった。

その結果、戦場に出て六カ月で実力を証明しなければ昇進が望めなかった下位ランクの士官と彼らが指揮をとっていた戦闘部隊は、つねに敵の〝殺害数（キル）〟をあげなければならないというプレッシャーにさらされていた。（同前）

マクナマラ国防長官の戦争指導はコンピューターによる統計的分析〝テクノウォー〟だった。すなわち「米軍がどんどん敵を殺していけば、いつかは敵の兵員補給能力が追いつかなくなる。そうすれば、共産主義勢力に率いられた軍隊はおのずと戦闘の継続を断念するだろう、それが唯一、合理的な対応だ」と考えたのだ。分析には様々なデータが使用されたが、行き着くところは〝ボディカウント〟だった。

戦場の〝歩兵(グラント)〟たちにも、死体の数を増やしたくなるような褒賞がたくさん用意された。たとえば、保養(R&R)休暇——つまり、ビーチ・リゾートで数日間、日光浴をしながら楽しく過ごせるわけだ——に、メダル、バッジ、食糧やビールの特別配給、非正規品の服を着る許可、後方基地での負担の少ない任務などが約束された。(同前)

軍隊内にはMGR(ミア・グーク・ルール)という暗黙の了解があった。ベトナムに暮らす人々は人間以下の存在で、大人も、子供も、武装した敵も、民間人も動物となんら変わらない、したがって好きなときに殺し、虐待しても許されるという、人間蔑視(べっし)の侮蔑(ぶべつ)的な考え方だ。グークとはアジア人への差別用語だ。

MGRを許容する精神構造が、あらゆる残虐行為の根拠となり、平気で人を殺す傾向を助長した。「早いとこ、やつらを皆殺しにしてしまえば、それだけ早くおれたちは帰国できるんだ」とうそぶく海兵隊員もいた。戦場ではボディカウントは単にベトナム人の殺害数を意味した。

> 敵兵と一般人とを容易に判別できないような戦場でつねにボディカウントが重視されたのだから、多数の民間人が死に追いやられたのは無理もない。さらに、ベトナムで実行された特定の司令方針〔作戦方針〕が、このような虐殺行為の拡大を助長した。その最たるものは索敵殲滅（サーチ・アンド・デストロイ）作戦と、抜け道だらけのルール〔ＲＯＥ：交戦規定〕にもとづく戦闘、それから自由射撃ゾーンの設定だった。〔同前〕

サーチ・アンド・デストロイ（「索敵殲滅」）は一般軍事用語で、何ら特別なアイディアではない。すなわち、敵を見つけ、その場で拘束し、圧倒的な戦闘力を集中して打撃し、敵を撃滅することである。しかしながら、ベトナム戦争では、「サーチ・アンド・デストロイ」と「ボディカウント」が結びついて、ベトナム戦争を象徴するマイナス・イメージの忌（い）むべき特殊用語となった。

交戦規定は建前としては民間人と戦闘員を区別することを求めていた。にもかかわらず、自由射撃ゾーンまたは自由攻撃ゾーンが設定されると、対象エリアでは、誰もが敵とみなされた。「定義上、そこには罪もない民間人などいない」ことになっていた。男も女も子供も正当なターゲットで、火器で民間人を殺しても責任は問われなかった。

ベトナムの戦場では上官殺しも横行した。公刊戦史によると、フラッギング（不人気な上官を手榴弾で襲うこと）の実行は、米兵が実際の戦闘行動を終えた後においても深刻な問題として尾を引いた。1969〜71年の間、陸軍の調査によると、手榴弾をふくむ800件の襲撃事例が記録され、45人の将校および下士官が殺害された、という記録がある。

戦地の軍隊がすべて残虐行為を行なうわけではない。北清事変（1900年）の日本軍は健全性を保持して軍紀厳正に行動した。義和団の騒乱、外国使節の北京籠城55日間、8カ国連合軍の北京城突入後の略奪・暴行（破壊、放火、残虐行為、強姦、殺人）など、清朝末期の混乱期における狂気の中のことだった。

日本軍は北進事変で諸外国軍と初めて行動を共にした。当時の日本は、幕末期に締結された不平等条約の改定が国是で、日本が文明国であることを示す必要があった。この具体例として国家は軍隊に厳正な規律の維持を求めたのだ。北京城突入後の日本軍は軍紀厳正で現地住民および外国人からも称賛された。

ベトナムの戦場で戦った米軍は、軍隊の健全性——規律・士気・団結——を完全に喪失していた。『動くものはすべて殺せ』には、米兵がベトナム戦争で行なったあらゆる不法行為と戦争犯罪が、人間がこれほど残酷になれるのかということが、詳細に記述されている。ページをめくるのが嫌になるほどだが、大義なき戦争に参加し、健全性を失った軍隊が何をしたか、この事実に目をつぶってはいけない。

あとがき

本文を書き終えて、書き残したものがあることに気付いた。それはナポレオン戦争に関する書籍を取り上げていないことだ。理由を率直に言えば、食指を動かすだけの魅力的な邦訳本がないということに尽きる。

陸上の作戦や戦闘を語るとき、戦況図が不可欠であることは言うまでもない。著名なチャンドラー著『ナポレオン戦争』（SBC学術文庫）の邦訳版も、地図が少なく、小さく、白黒で印刷されており、隔靴掻痒の感は免れない。

ジョミニも、クラウゼヴィッツも、マハンも、フラーも、そして秋山真之も軍事思想を確立するために、ナポレオン戦争を徹底して研究したことで知られている。というわけで、英語版であるが、ふさわしい一書を紹介したい。

米陸軍士官学校（ウエストポイント）軍事学・軍事工学部編集の『A Military History and Atlas of the Napoleonic Wars（ナポレオン戦争の戦史および地図）』である。同書は士官候補生の戦史教育参考書で、ナポレオン戦争のすべてが網羅されている。私の手許にあるのは1964年版で、1999年に改訂版が出ている。

同書の全編で169葉の地図（23×37センチメートル）が添付されている。見開きの右ページはすべて戦況図で、兵力、部隊配置、部隊規模、彼我両部隊の動きなどがきめ細かく描かれている。たとえば、ウルム会戦からアウステルリッツ会戦までの一連の流れは、11葉の地図を見るだけですっきりと頭に入る。

士官候補生を対象としているだけに、ナポレオン軍の戦術・戦法、編成・装備なども理解しやすく簡潔明瞭に解説されている、ウエストポイントでは、1817年（ナポレオンの失脚2年後）以降、ナポレオンの戦闘、戦役、軍事理論を教育しており、本書はその集大成といっても過言ではない。

この点、軍事の本家本元であり、200年以上の伝統を有するウエストポイント陸軍士官学校が編集した同書に勝る本はない。かなりの高額であるが、近代軍事思想の源流を訪ねる好事家（こうずか）にはうってつけの一書である。

主要参考文献

米陸軍公刊戦史『Certain Victory The U.S.Army in the Gulf War』(Potomac Books)
ADRP 3-0『OPERATIONS』(米陸軍ドクトリン参考書『オペレーションズ』)
FM6-0「Commander and Staff Organization and Operations」(指揮官および幕僚の業務提要)
アントワーヌ・アンリ・ジョミニ著、G・H・メンデル、W・P・グレイヒル訳『THE ART OF WAR』(Dover)
J・F・C・フラー著『Armored Warfare(機甲戦)』(The Military Service Publishing)
米陸軍士官学校/軍事学・軍事工学部編集『A Military History and Atlas of the Napoleonic Wars(ナポレオン戦争の戦史および地図)』(Frederick A. Praeger, Publishers)
佐藤徳太郎訳『ジョミニ・戦争概論』(原書房)
戦理研究委員会編『戦理入門』(田中書店)
陸戦学会編『戦理入門』(陸上自衛隊幹部学校修親会)
戸髙一成編『秋山真之戦術論集』(中央公論新社)
戸髙一成編『海軍基本戦術』、『海軍応用戦術/海軍戦務』(中公文庫)

島田謹二著『アメリカにおける秋山真之』（朝日新聞社）
堀 栄三著『大本営参謀の情報戦記』（文春文庫）
W・G・パゴニス著、佐々淳行監修『山・動く 湾岸戦争に学ぶ経営戦略』（同文書院インターナショナル）
マイケル・ハワード著、奥村房夫・奥村大作訳『改訂版 ヨーロッパ史における戦争』（中公文庫）
マイケル・ハワード著、奥山真司監訳『クラウゼヴィッツ』（勁草書房）
川村康之著『60分で名著快読 クラウゼヴィッツ「戦争論」』（日経ビジネス人文庫）
マイケル・ハンデル著、防衛研究所翻訳グループ訳『戦争の達人たち』（原書房）
デイヴィッド・M・グランツ著、梅田宗法訳『ソ連軍〈作戦術〉縦深会戦の追求』（作品社）
偕行社編纂部『千九百三十六年發布 赤軍野外教令』（財団法人偕行社）
デーヴ・グロスマン著、安原和見訳『戦争における「人殺し」の心理学』（ちくま学芸文庫）
ニック・タース著、布施由紀子訳『動くものはすべて殺せ』（みすず書房）
木元寛明著『機動の理論』、『戦術の本質』（サイエンス・アイ新書）
木元寛明著『ナポレオンの軍隊』、『戦術学入門』、『陸自教範「野外令」が教える戦場の方程式』（光人社NF文庫）
木元寛明著『戦争と指揮』（祥伝社新書）
その他各機関ウェブサイトなどの公開資料

切りとり線

★読者のみなさまにお願い

この本をお読みになって、どんな感想をお持ちでしょうか。祥伝社のホームページから書評をお送りいただけたら、ありがたく存じます。今後の企画の参考にさせていただきます。また、次ページの原稿用紙を切り取り、左記まで郵送していただいても結構です。

お寄せいただいた書評は、ご了解のうえ新聞・雑誌などを通じて紹介させていただくこともあります。採用の場合は、特製図書カードを差しあげます。

なお、ご記入いただいたお名前、ご住所、ご連絡先等は、書評紹介の事前了解、謝礼のお届け以外の目的で利用することはありません。また、それらの情報を6カ月を越えて保管することもありません。

〒101-8701（お手紙は郵便番号だけで届きます）
祥伝社　新書編集部
電話03（3265）2310
祥伝社ブックレビュー　www.shodensha.co.jp/bookreview

★本書の購買動機（媒体名、あるいは○をつけてください）

＿＿＿＿新聞の広告を見て	＿＿＿＿誌の広告を見て	＿＿＿＿の書評を見て	＿＿＿＿の Web を見て	書店で見かけて	知人のすすめで

★100字書評……戦術の名著を読む

名前

住所

年齢

職業

木元寛明　きもと・ひろあき

1945年、広島県生まれ。1968年、防衛大学校（12期）卒業後、陸上自衛隊に入隊。以降、陸上幕僚監部幕僚、第2戦車大隊長、第71戦車連隊長、富士学校機甲科部副部長、幹部学校主任研究開発官などを歴任して2000年に退官（陸将補）。2008年以降は軍事史研究に専念。主な著書に『気象と戦術』『機動の理論』『戦術の本質』（以上サイエンス・アイ新書）、『戦術学入門』（光人社 NF 文庫）、『戦争と指揮』（祥伝社新書）など。

戦術の名著を読む（せんじゅつのめいちょをよむ）

木元寛明（きもとひろあき）

2022年 2 月10日　初版第 1 刷発行

発行者……………辻 浩明
発行所……………祥伝社しょうでんしゃ
〒101-8701　東京都千代田区神田神保町3-3
電話　03(3265)2081(販売部)
電話　03(3265)2310(編集部)
電話　03(3265)3622(業務部)
ホームページ　www.shodensha.co.jp

装丁者……………盛川和洋
印刷所……………萩原印刷
製本所……………ナショナル製本

Printed in Japan　ISBN978-4-396-11649-1　C0231

〈祥伝社新書〉
昭和史

460
石原莞爾の世界戦略構想
希代の戦略家にて昭和陸軍の最重要人物、その思想と行動を徹底分析する
名古屋大学名誉教授 川田 稔

635
昭和陸軍 七つの転換点
昭和陸軍が関わった七つの事件・事例から、日米開戦への道を読み解く
川田 稔

575
永田鉄山と昭和陸軍
永田ありせば、戦争は止められたか？ 遺族の声や初公開写真も収録
歴史研究者 岩井秀一郎

612
一九四四年の東條英機
1944年、東條が行なった選択とは？ 近代日本の「欠陥」が浮かび上がる
岩井秀一郎

647
最後の参謀総長 梅津美治郎
「後始末の男」に託された〝最後の後始末〟。終戦への道を追う
岩井秀一郎